一瞬で数字をつかむ！

概算・暗算
トレーニング

堀口 智之・著

ベレ出版

はじめに

とは、かの大物理学者であるアインシュタインの名言です。我々は、算数や数学を10年以上学んできて、何が残ったのでしょう？　算数や数学は決して、教科書のための、テストのためのものではありません。役立てるためにあります。しかし、具体的なシチュエーションとともに学ぶことがほとんどないため、「どこで役立てるのかがわからない」まま大人になっていきます。

本書の目的は、皆さんに概算と暗算を活用いただくことで、あらゆる物事の選択に計算をもたらし、数字の感覚・データセンスを磨いていただくことにあります。

私、堀口智之は、大人のための数学教室を日本で初めて起業し、13年ほど経営していく中で、「算数ができない」社会人の多さに驚きました。これは始める前には、全く想像もしていないことでした。分数ができないのは当たり前、九九も怪しい人もいれば、0.1と0.2のどちらが大きいかわからない方ともお会いしてきました。もちろん、今は電卓やExcelやAIだって身近にある。だから、問題ないといえば、問題ないのかもしれません。しかし、全く問題がないかといえば、大ありだと思うのです。ツールで計算した答えについて、"感覚的に"合っているかどうかを判断する必要があるからです。

昨今のAIやテクノロジーが急速に発展していく中で、人としての基本「数字力」の有無が問われているような気がしてなりません。コンピュータは、入力したものをルール通りにアウトプットするのが仕事です。入力が間違えば、ルールが間違えば、アウトプットもすべて間違えます。出力に対して、「本当か」「これを信用していいのか」と疑うことは、人にしかできない仕事です。必要なのは高度な計算能力ではありません。10秒立

ち止まって、概算と暗算を駆使しながら数字の評価をすることです。

　数字という"量"を、実感を伴ってとらえることが大切です。しかし、これらの数字で物事を判断できる、データセンスを養うためのトレーニングができる場所は日本にはほとんどありません。そういった教育を実際に大人向けに行なっている人がほとんどいないからです。

　本書では、日常の会話、日常の場面、そしてビジネスシーン等に登場するさまざまな数字をぱっととらえるための概算を、できるだけ暗算でこなせるように、コツやノウハウを解説し、練習問題もふんだんに盛り込みました。

　数字を前提に物事を考えていければ、情報の"質"が変わってきます。もちろん、すべて数字で物事を判断しよう、という話ではありません。判断の材料にして欲しいのです。1万円より10万円の方が、10倍価値がありますが、「ではどちらを選択するのか？」というのは個人の自由です。数字という軸があるからこそ、人は本当の意味で、自由に判断がくだせます。

　これまで2万人以上の社会人の方と向き合い、13年間社会人向けの教育に力を注ぎ、様々なお悩みと向き合い続け、得たノウハウを豊富に盛り込みました。この書籍はあなたの計算や算数のポテンシャルを最大限に生かしながら、概算と暗算につながるトレーニングができるように構成してあります。最後まで読み終え、練習問題を解き終えたあと、あなたの概算・暗算力は見違えるほど向上していることでしょう。

　数字がわかれば、世界がわかる。この力＝データセンスは、あなたのこれから長い人生において、基礎となり、礎となることでしょう。

　よりよく生きるための数字力を活かすことができる大人が一人でも多く生まれますように。

　　　　　　　　　　　　　　　　　　　　　　　　　　堀口　智之

本書の特徴と使い方

　各節の終わりには基本的に練習問題を掲載しています。習得のためにはやはり訓練は欠かせません。数問だけでもぜひ挑戦をしてみてください。解くためのポイントとしては、「なるべくメモを少なく、可能な限り暗算して解く」、「答えを出したら、合っているかを検算する」ということです。暗算の練習ですから、何も書かずにやるのがベスト。しかし、難しいと感じる方はメモを取りながらでもかまいません。また、どうしても子どもの頃からの癖で「合っているか」が気になりますが、「概算」で確かめる癖付けを行なっていくのも読み方の一つです。あえて解答を巻末に掲載しているのもそういった理由になります（236 〜 247 ページにあります）。※本書では「1,000」や「1000」など、桁を表すカンマをあえて入れたり入れなかったりしているところがあります。

章の構成

1章 「大きい数のざっくり計算」。ここに本書の最大の魅力となる計算法が詰まっています。ただし、あまり見慣れない新しい計算方法であることから、人によって馴染みにくいこともあるかもしれません。読むのが難しい場合は、2 章から読み進めてみてください。

2章 「計算の基礎とコツをマスターしよう」。計算の最も基礎的な部分が詰まっています。難易度が低いので数字が苦手な方はここから読み始めることをおすすめします。

3章 「社会人にとっての「計算」とは?」。根本的な概算・暗算の考え方が学べます。

4章 「日常で使う計算をマスターしていこう」、**5章** 「仕事で使う計算をマスターしていこう」は、それぞれのシチュエーション別での暗算法の訓練になります。

6章 「概算による誤差について知っておこう」。こちらは最もマニアックな内容になっていますが、概算の理論がどのようなものになっているのかをご紹介しています。とてもユニークな章です。

大きな数に慣れるための表

０の数、カンマの数、漢数字の関係性も含めてある程度覚えてしまうと応用もきいて便利です。

１〜大きな数	０の個数	カンマ数	漢数字
1	0	0	一
10	1	0	十
100	2	0	百
1,000	3	1	千
10,000	4	1	万
100,000	5	1	十万
1,000,000	6	2	百万
10,000,000	7	2	千万
100,000,000	8	2	億
1,000,000,000	9	3	十億
10,000,000,000	10	3	百億
100,000,000,000	11	3	千億
1,000,000,000,000	12	4	兆

パートナーナンバー

2 で割るということは50%にする（0.5を掛ける）こと。

※「×50%」と「×0.5」は同じことですが、わかりやすく
　お伝えするために併記しました。

÷ 2	⇔	× 50%	× 0.5
÷ 3	⇔	× 33%（33.3%）	× 0.33（0.333）
÷ 4	⇔	× 25%	× 0.25
÷ 5	⇔	× 20%	× 0.2
÷ 6	⇔	× 17%（16.7%）	× 0.17（0.167）
÷ 7	⇔	× 14%（14.3%）	× 0.14（0.143）
÷ 8	⇔	× 12.5%	× 0.125
÷ 9	⇔	× 11%（11.1%）	× 0.11（0.111）
÷ 10	⇔	× 10%	× 0.1
÷ 11	⇔	× 9 %（9.1%）	× 0.09（0.091）
÷ 12	⇔	× 8.3%	× 0.083
÷ 13	⇔	× 7.7%	× 0.077
÷ 14	⇔	× 7 %（7.1%）	× 0.07（0.071）
÷ 15	⇔	× 6.7%	× 0.067
÷ 16	⇔	× 6.3%	× 0.063
÷ 17	⇔	× 6 %（5.9%）	× 0.06（0.059）
÷ 18	⇔	× 5.6%	× 0.056
÷ 19	⇔	× 5.3%	× 0.053
÷ 20	⇔	× 5.0%	× 0.05
÷ 25	⇔	× 4.0%	× 0.04
÷ 30	⇔	× 3.3%	× 0.033
÷ 33	⇔	× 3.0%	× 0.03
÷ 40	⇔	× 2.5%	× 0.025
÷ 50	⇔	× 2.0%	× 0.02

CONTENTS

1章 大きい数のざっくり計算

2章 計算の基礎とコツをマスターしよう

3章 社会人にとっての 「計算」とは?

4章 日常で使う計算を マスターしていこう

5章 仕事で使う計算をマスターしていこう

6章 概算による誤差について知っておこう

大きい数の
ざっくり計算

本章では、あなたの仕事、プライベートに変革をもたらすであろう新たな計算法をお伝えしたいと思います。

その前に、まずは6ページの表をご覧ください。これは「大きな数」に慣れるための一覧表です。私たちは小学校・中学校・高校と算数・数学を勉強してきました。しかしながら「大きな数」の特性について学んだことはほとんどありません。

この表を眺めていただいてから、次のページをめくってください。

さあ、新たな計算の世界がここから広がります！

1-1 | 世界1位の米ウォルマートの売上高はどのくらい?

　世界1位の売上高を誇る企業をご存じでしょうか。アマゾン？ アップル？ マイクロソフト？ 実は違います。答えは米国の小売最大手企業ウォルマートです。**米フォーチュンが発表した2022年版の「Global 500」によると、ウォルマートは9年連続で企業売上高世界1位です。**

　その売上高は、なんと5728億ドル。日本円で約82兆円（1ドル＝143円で計算）です。82兆円といわれても、あまりに数字が大きすぎてピンとこないかもしれません。

　82兆円という数字は、決算書などでは「82,000,000（百万）」と表記されたりします。ビジネスパーソンの方にはなじみがあると思います。しかしながら、**「82,000,000（百万円）」**という表記を見て、すぐに**「82兆円」**と読める人はどれくらいいるでしょうか。

　決算書では「60,000（千円）」のように「千円」単位で表記されていることもあります。これも一発で「6000万円」と読める人は少ないかもしれません。

　なぜ、こんな表記の仕方をするかというと、数字が大きくなって「0」がたくさん並ぶとわかりにくいからです。

　「1,000,000,000円」を見てパッといくらかわかるしょうか？ おそらくたいていの人は右から順番に「一、十、百、千、万、……」と数えていくと思います。そして、「10億円」という答えにたどりつきます。

　このように「0」の数が多くなればなるほど読みにくくなるので、「1,000（百万円）」とか「1（十億円）」といった単位で表記しているのです。

とはいっても、「1（十億円）」はまだしも、「1,000（百万円）」をすぐに「10億円」と読むのは難しいと思います。

実は、これは慣れの問題です。ちょっとしたコツを覚えるだけで、誰でも簡単に読めるようになります。

さっそく練習してみましょう。

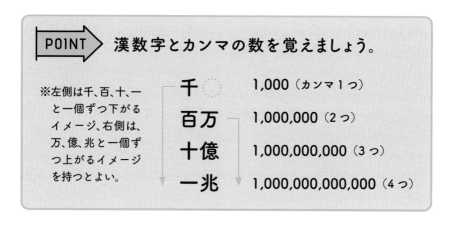

POINT	漢数字とカンマの数を覚えましょう。	

※左側は千、百、十、一と一個ずつ下がるイメージ、右側は、万、億、兆と一個ずつ上がるイメージを持つとよい。

千　　　　　1,000（カンマ1つ）
百万　　　　1,000,000（2つ）
十億　　　　1,000,000,000（3つ）
一兆　　　　1,000,000,000,000（4つ）

例1 ）45,002（千円）を読んでみましょう

単位が「千円」なので、一番右側の「2」が「2000円」を表しています。そして、カンマの左の数字が「500万」です。よって、「4500万2000円」と読むことができます。

ポイントは、カンマの左にある数をカンマごとに飛ばしながら読んでいくことです。口ずさむように読むと、より覚えやすくなります。最初のうちは指で押さえながら、「千、百万、十億、一兆」と口ずさむように読んでいくと

千、百万、十億、一兆と覚えなきゃ！

千
百万
十億
一兆

トイレ

覚えられない方はトイレのトビラに、張り紙をしてみては？

よいでしょう。

例2 ）1,234,567（百万円）を読んでみましょう

　単位が「百万円」ですから、一番右の「7」が「700万円」です。右から数えて最初のカンマの左の数字が「40億」、次のカンマが「1兆」となります。よって、「1兆2345億6700万」となります。

大きい数のカンマの個数を覚えよう

先ほども「POINT」のところで見ましたが、大事なのでもう一度。

100万	1,000,000	（2つ）
10億	1,000,000,000	（3つ）
1兆	1,000,000,000,000,000	（4つ）

まずはこの3つを覚えれば応用がききます！

次の数を口に出して読んでみましょう。

(1) 2,801,409

(2) 8,167（千円）

(3) 4,070（千円）

(4) 74（百万円）

(5) 1,055（百万円）

(6) 305,156,269

(7) 501（千円）

(8) 3.45（百万円）

(9) 7,705（百万円）

(10) 4,777（十億円）

(11) 64,833,298

(12) 540,123（千円）

(13) 567（千円）

(14) 3.3（百万円）

(15) 580（千円）

(16) 5,100,044（千円）

(17) 1,000（百万円）

(18) 400（十億円）

(19) 45,678,001

(20) 5,000（千円）

(21) 900,100

(22) 0.62（百万円）

(23) 60.55（千円）

(24) 1,042,786,505

1-2　四半期や年間売上を計算してみる

　会社は通常、1年間という期をもとに運営されています。ただ、売上を四半期で計算することもあります。四半期というのは、1〜3月期、4〜6月期というように3カ月ごとに1年を4分割した期間のことです。

　ここで問題です。

　「年度始めの1月の売上が2000万円で、その後も同じ水準の売上が見込めるとした場合、最初の四半期（1〜3月期）の売上はいくらになるでしょうか?」

　これは簡単ですね。**2000万円×3カ月＝6000万円**です。

　では、**「その四半期の売上が年間を通して同じ水準で見込める場合、1年間の売上はいくらになるでしょうか?」**

　1年間は1四半期が4つ分ですので、4倍すれば答えが出ます。

　6000万円×4＝2億4000万円です。

　ちなみに、月の売上を単純に年間の売上として計算するときは「×12」でOKです。

　「2000万円×12＝2億4000万円」

　ただこの時、2ケタ以上のかけ算になると、計算が苦手という人もいると思います。その場合は、前述のように四半期に分けて考えるとわかりやすく、計算ミスも起きにくいかもしれません。つまり、2000万×12を

　「2000万円×3×4＝6000万円×4＝2億4000万円」

　または、「×12」を、「×2」と「×6」と分けるのも有効な計算方法です。「2000万円×2×6＝4000万円×6＝2億4000万円」

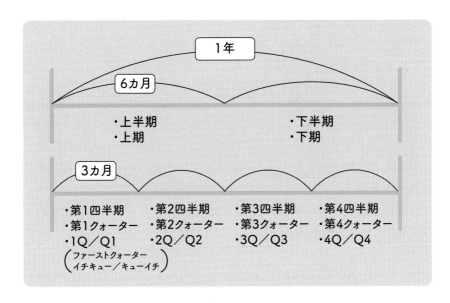

POINT ▷ 大きい数に慣れるために簡単な掛け算からはじめよう。

例1 ） 毎月の売上が6000万円のとき四半期の売上はいくら?

「6000万×3＝1億8000万」と簡単に計算できますが、大きな数字が苦手な人の中には、ときおり「18億」と桁を間違えてしまうケースが見られます。

　例えば、1000万を10倍すると1億になります。大きな数字が苦手な人は、100万、1000万、1億、10億など、桁を一つひとつつぶやきながら計算練習をしていくとよいと思います。

　冷静に考えれば、1億に満たない数を3倍して18億になることはありえませんし、1億でも18倍しないと18億にはなりません。

例2 毎月の売上が3000億円のとき 年間の売上はいくら?

「3000億×12＝3兆6000億」で求められます。一気に計算できる場合は「×12」でOKです。

もし大きな数字、2ケタ以上のかけ算が苦手な人は、先ほど見たように「12」を「3×4」などと分解すると計算しやすいでしょう。

先ほどの四半期の計算を使うと、「3000億×3×4＝9000億×4＝3兆6000億」となります。

1-2 練習問題

（1）月100万の売上高。そのままいくと、四半期分の売上高は?

（2）月1000万の売上高。そのままいくと、四半期分の売上高は?

（3）月1億の売上高。そのままいくと、半年分の売上高は?

（4）月1億の売上高。そのままいくと、1年分の売上高は?

（5）月500万の売上高。そのままいくと、1年分の売上高は?

（6）月700億の売上高。そのままいくと、四半期分の売上高は?

（7）月4000万の売上高。そのままいくと、四半期分の売上高は?

（8）月15億の売上高。そのままいくと、半年分の売上高は?

（9）月600億の売上高。そのままいくと、1年分の売上高は?

（10）月2000億の売上高。そのままいくと、1年分の売上高は?

1-3 | このアプリ、どのくらいの売上になる？

　会社で新開発したスマートフォンのアプリケーション。1ダウンロード1000円で販売することになりました。目標は10万ダウンロードです。目標を達成したときの売上はいくらになるでしょうか。

1000円×10万＝？

で計算できますが、暗算でパッと答えを出すには少し難しいかもしれません。しかし、ポイントをつかんでおけば、簡単に計算することができます。

　そのポイントとは、「0」の個数を数えることです。6ページの表を見てください。実は、「0」の個数に法則があることに気づくと思います。

　日本語でちょうどキリのよい「万」「億」「兆」は、「0」の個数がそれぞれ4個、8個、12個になっています。また、「十」「百」「千」は、「0」の数がそれぞれ1個、2個、3個です。この「0」の個数を利用して計算をするのです。

1000円×10万＝1,000×100,000＝100,000,000

　ゼロの個数が8つになりますので1億とわかります。これは覚えておくと便利です（この節の後に簡単にできる練習問題を掲載しています）。

　上の式からもわかるように、大きい数の掛け算は「0」の個数の足し算になります。

　例えば、「100×100＝？」は、「0」の個数が「2＋2＝4」になっています。ですから、答えは「0」が4つ付いた「10000」となります。

POINT ▷ 0 の個数を覚えよう

十	… 1 個	万	… 4 個
百	… 2 個	億	… 8 個
千	… 3 個	兆	… 12 個

例1) $1000 \times 1000 = ?$

「1000」は、「0」の個数が 3 個です。それぞれ「0」の個数が 3 個なので、「3 ＋ 3 ＝ 6」となります。

つまり、答えは「0」が 6 個並んだ「1,000,000」（百万）となります。

ちなみに、6 個の「0」を「6 個＝ 4 個＋ 2 個」と分解すると、「万」（0 が 4 個）と「百」（0 が 2 個）と解釈できます。よって「100万」と考えることもできます。**このように 0 の個数を 4 個ずつ区切りながら数えていくと（慣れれば）簡単に答えを出せます。**

例2) $100万 \times 1億 = ?$

「100万」は、「100」と「万」に分解でき、それぞれ「0」の個数が 2 個と 4 個に分けることができます。1億は「0」の個数が 8 個ですから、「2 ＋ 4 ＋ 8 ＝14」という計算になります。

「0」の個数が14個ということは、「2 ＋12」と解釈でき、それぞれ「100」と「兆」です。つまり、答えは「100,000,000,000,000」（100兆）ということになります。ポイントは14個の 0 の個数を12個（兆）と 2 個（百）の足し算に分解することです。

1,000,000 × 1,000

大きい数の掛け算は0を足すだけでいいんだ。
ってことは、6＋3＝9
9個ってことは1,000,000,000
10億か!!

1-3 練習問題

（1）100 × 100万

（2）100万 × 10万

（3）1,000 × 1,000

（4）10 × 1万

（5）10万 × 100

（6）10 × 1000万

（7）100 × 10万

（8）10万 × 1万

（9）10 × 1,000

（10）10万 × 100万

（11）100万 × 100万

（12）1000万 × 100

（13）1万 × 100

（14）1,000 × 100

（15）10万 × 10万

（16）1,000 × 1億

（17）100億 × 1000

（18）1万 × 1,000

（19）10 × 10億

（20）100万 × 1000

（21）10万 × 1億

（22）1000万 × 100万

（23）100万 × 1億

（24）100億 × 10万

大きい数の0の個数を練習してみましょう

　大きい数の「0」の個数。たくさんあって最初は覚えるのが難しいと思います。練習問題を用意したのでトライしてみてください。何度もやっているうちに慣れてきて、習得できるようになります。

　あらためて先ほどのポイントを掲載しておきます。

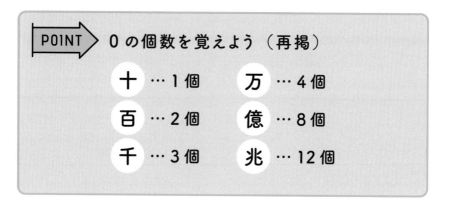

POINT ▶ 0 の個数を覚えよう（再掲）

十 …1個	万 …4個
百 …2個	億 …8個
千 …3個	兆 …12個

　「万」「億」「兆」は、それぞれ「0」の個数が4、8、12個と4の倍数となっており、「千」「百万」「十億」「一兆」は3、6、9、12個と3の倍数になっています。カンマ読みは英語にすると、それぞれ「Thousand」、「Million」、「Billion」、「Trillion」となり、スッキリ読みやすいのですが、日本語読みとは違うので、慣れが必要ですね。

```
            1,000
        1,000,000
    1,000,000,000
1,000,000,000,000
```

> カンマは0が3つずつ増えるごとに1つ増えるのだから、0の個数が3の倍数になるのは当たり前だね。

問題 1-A

以下の数の「0」の個数を求めてみましょう。

例：10万 ⇒ 5個

10万＝「10 × 1万」と分けられ、10は「0」が1個、万は「0」が4個なので、足して5個となります。不安な場合は、100,000と書いてみると、たしかに5個あることが確認できます。

（1）1兆   （8）10兆

（2）100億   （9）1000万

（3）1万   （10）1億

（4）100   （11）100兆

（5）1000億   （12）10

（6）100万   （13）10億

（7）1000   （14）1000兆

以下の「0」の個数を持つ数を当ててみましょう。

例：11 個 ⇒ 千億
---

4 の倍数ごとで区切るのがポイントです。「0」が 4 個だと万、8 個だと億、12 個だと兆になるので、11 個⇒ 3 ＋ 8 ⇒ 千と億で、千億となるわけです。

（1）5 個   （8）6 個

（2）12個   （9）3 個

（3）7 個   （10）8 個

（4）10個   （11）11 個

（5）2 個   （12）15個

（6）9 個   （13）4 個

（7）14個   （14）13個

大きい数の掛け算を素早く解きたい人
のためのアドバイス

　先ほど紹介した「0の個数で解く方法」は、実は初心者向けといえます。もっと素早く解く方法があるのです。大きな数の掛け算を解く方法は、この初心者向けを含めて主に3つあります。

1．ゼロの個数を数えて計算する方法
2．漢字計算法
3．ゼロ移動法

　1については先ほど見ましたので、ここでは2、3の方法について説明していきます。

漢字計算法

　漢字計算法で計算する方法、これが最速のやり方です。慣れれば2～3秒で大きい数の掛け算ができるようになります。ただし、以下の公式を覚える必要があります。

・十 × 十 ＝ 百
・百 × 百 ＝ 万
・千 × 千 ＝ 百万
・万 × 万 ＝ 億
・億 × 万 ＝ 兆

　この公式を覚えると、大きな数のかけ算が簡単に計算できます。音の響きがいいので、標語のように繰り返し音読すると覚えやすいと思います。

> 百百万、千千百万、万万億、億万兆
> を繰り返し発音して覚えよう
>
> ひゃくひゃくまん　せんせんひゃくまん　まんまんおく　おくまんちょう

　どうでしょう。繰り返し発音すれば覚えられそうな気がしませんか。実は、他にも**「千 × 百 = 十万」「百 × 千 = 十万」も、覚えておくと非常に活用できます。**覚えられそうな方はチャレンジしてみてください。

　あと、漢字で計算する方法は、**「意味で計算する方法」**を加えることで、**よりその効果と速さを実感できます。**

　意味で計算するとは何か、具体的に見ていきましょう。例えば、

　　十 × 十 = 百

　これはどういう意味でしょうか？ 考えてみれば当たり前のことを言っています。十円玉が10枚あったら百円という意味になります。

　他にも、意味で考えたら当たり前の計算はたくさんあります。

　　百 × 十 = 千（百円玉が10枚あったら千円）
　　千 × 十 = 万（千円札が10枚あったら１万円）

　このあたりは感覚的にわかるのではないでしょうか。千円札や１万円

札を両替するのと一緒ですね。

　しかし、先ほどの公式にあった「百×百＝万」はイメージしづらいのではないでしょうか。でも、式を分解すれば当たり前です。

百 × 百 ＝ 百 ×（十 × 十）＝ 百 × 十 × 十 ＝ 千 × 十 ＝ 万

こんな風に分解すれば当たり前のように計算できますね。

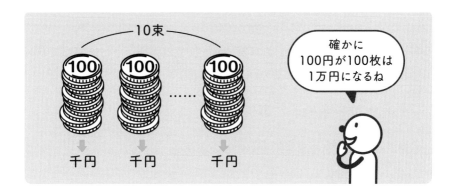

　この、意味で考える計算と、漢字の公式を組み合わせればあっと驚く計算ができるようになります。ぜひ例題からご体感ください。

例1 ）100円の商品が 100万個売れたときの売上は？

　百 × 百万、圧倒されそうな掛け算ですが、それぞれの掛け算に分解すれば、

「百 × 百 × 万」と３つの掛け算になりますね。

ここからあとは公式を用いて整理するだけです。

・**百 × 百 ＝ 万**
・**万 × 万 ＝ 億**

上記２つの公式を用いると次のようになります。

百 × 百万 = 百 × 百 × 万 = 万 × 万 = 億

　このように、掛け算を分解して、パズルのように組み合わせながら計算をしてくのです。

例2 ）千円の商品が　　　千万個売れたときの売上は？

　千 × 千万、とても大きい掛け算ですが、先ほどのように分解してパズルのように組み合わせて考えていきましょう。

千 × 千万 = 千 × 千 × 万

そして、2つの公式を用います。

・千 × 千 = 百万
・万 × 万 = 億

すると、

千 × 千 × 万 = 百万 × 万 = 百 × 万 × 万 = 百億

となり、計算できました。

例3 ）十万円の商品が　　　千個売れたときの売上は？

十万 × 千 = 十 × 万 × 千 = 千 × 十 × 万 = 万 × 万 = 億

　ここでのポイントは、意味で解釈しやすいような計算に持っていくことです。例えば、千×十、千円札が10枚あったら1万円ですね。こんな風に工夫すれば、簡単に計算できるようになります。

ゼロ移動法

「ゼロ移動法」は、シンプルな考え方です。**万、億、兆のセットをつくると、すごく計算が楽になるという仕組みを利用しています。**どういうことか説明していきましょう。

先ほど紹介した公式で、

・**万 × 万 ＝ 億**
・**億 × 万 ＝ 兆**

というのがありました。この公式が使えるように微調整をしていきます。

POINT▶ **「万、億、兆」で区切って考える**

 千 × 千 ＝

千円札が千枚？ ちょっとイメージしづらいと思います。

でも、1万円札が百枚なら一気にイメージわきませんか？ 百万円ですよね。

　　1000×1000

の右側の数字の「0」を1個だけ左側に移動させます。つまり、

　　10000×100

にするのです。

もちろん、「0」を移動させたからといって計算結果は変わりません。1000円札を100円玉10枚に分割して考えると、これを説明できます。

　　$1000 \times 1000 = 1000 \times 100 \times 10 = 1000 \times 10 \times 100 = 10000 \times 100$

例2) 千万 × 十万 ＝

　この計算の場合、左側の千は「0」が1個分追加されれば万になり、キリがよくなりますから、右側から「0」を1個移動させます。右側は「0」が1個なくなったので、万となります。

千万 × 十万 ＝ 千 × 万 × 十 × 万 ＝ 千 × 十 × 万 × 万 ＝ 万 × 万 × 万

となり、あとは公式を使えば

万 × 万 × 万 ＝ 億 × 万 ＝ 兆

ということで答えが出ました。

　もっと単純化すると、「千万」に右側から0を1個移動させると「億」になると考えて、「億 × 万」になりますよね。

　こういった計算に慣れれば、紙に書いて計算しなくても、頭の中で暗算するだけで答えが出せるようになります。これは練習あるのみですので、みなさん、がんばってください！

大きい数の掛け算をすばやく解くためのコツ……

大きい数の掛け算は慣れるとパズルゲームだ！！

百万×百万は「百百が万」になって「万3つ」で「兆」だ！

千万×千は「千千が百万」で「万万が億」だから「百億」だ！

問 題 1-C

以下の大きい数の掛け算を「漢字計算法」と「ゼロ移動法」を駆使しながら解いてみてください。

例：百万 × 千 = 十億

「千」は、０を１個加えれば「万」になりますので、左側の「百万」から０を１個移動させます。すると、百万 × 千 = 十万 × 十 × 千 = 十万 × 万 = 十億となり、計算できます。

（１）百 × 百

（２）千 × 千

（３）万 × 万

（４）十万 × 十万

（５）百万 × 百万

（６）千万 × 千万

（７）億 × 万

（８）百万 × 百

（９）万 × 百

（10）千 × 十万

（11）百億 × 千

（12）十万 × 百

（13）億 × 百

（14）十 × 百万

（15）万 × 十万

（16）千万 × 十

（17）百 × 千憶

（18）十億 × 十

（19）千億 × 千

（20）兆 × 十

1-4 あの商品の年間売上はどのくらい？

　有楽製菓の「ブラックサンダー®」をご存じですか？ コンビニなどでも人気のチョコレート菓子です。なんと年間の販売本数は2億個を超えているといわれています。

　すごい個数ですよね。2億個として単純計算すると、日本人が年間平均で2個ずつ買っていることになります（ざっくり1億人で割り算しました）。1個35円（参考価格・税別）なので、ブラックサンダー単品で売上が年間約70億円となります。たった一つの商品で年間70億の売上ってすごいですよね。

　もちろん、これは概算ですから、実際の売上はもう少し高いかもしれませんし、低いかもしれません。**ここで大事なのは、おおよその売上がわかるということです。**

　「レッドブル®」というエナジードリンクがあります。オーストリアのレッドブル社の商品で、世界市場でトップシェアを誇ります。日本でも特に若者に支持されています。

　世界での販売数は年間約116億缶とされています。種類や容量で価格は違いますが、1缶200円とすると、売上は2兆3200億円です。こちらもたった一つのレッドブルという商品で2兆円を超える売上というのは驚くばかりです。

　このように大きな数字を計算するときは、ざっくりとした規模感を持っておくと、どのくらいの売上なのかを概算することができます。

> ## POINT ▷ 「桁」と「頭の数」を分けて計算する

例1) 1個200円の商品が500万個売れたときの売上は?

　まず、いきなり答えを一気に出そうと、計算するのはやめましょう。**このような大きな数字は、桁の計算を間違えやすく、とんちんかんな答えを出してしまうことがあります。ポイントの通り、桁の計算をしてから頭の数を掛け算します。**

　つまり、

　　200×500万＝2×100×5×100万

　このようにバラバラに分解してから

　　2×5×100×100万

とします。

　前半を頭の数の掛け算、後半を桁の計算にするのです。桁が1億、頭の数(2×5)は10です。これを掛け算すれば、10億ということになります。**このようにバラバラに計算することを意識すると、暗算でもほぼ間違えることなく計算できるようになります。**

例2) 1個9万円の商品が70万個 売れたときの売上は?

　9万×70万となるので、桁は、「1万×10万＝10億」、頭の数は「9×7＝63」です。よって、630億と簡単に計算できます。

　桁の計算だけだと、10億となってしまい、正解と63倍も異なります。**頭の数は絶対にかけ忘れてはいけないというのも大切なポイントの一つで**

す。

ちなみに頭の数をかけ忘れると、最大100倍近く答えがずれます。

例えば、9万×9万＝81億となります。1万×1万＝1億の答えと81倍違います。頭の数を計算することの重要性がわかりますね。

例3) 1個200円の商品が75億個売れたときの売上は？

200×75億

となりますが、**上1桁のみを取り出して計算するやり方がおススメです。**
つまり、75億＝7.5×10億と分解するのです。以下のやり方はおすすめできません。

200×75億＝2×100×75×億＝150×100億

こうしてしまうと、**桁の計算が複雑になってしまい、計算に難しさが出てきますので、間違いが多発します。**

よって、

200×75億＝2×100×7.5×10億＝15×1000億＝1兆5000億

と計算します。先ほど学んだように、頭の数を掛けると（桁の計算後）、答えのずれは最大で100倍程度までになります。**逆に言えば、桁の計算で出てきた結果に対して数倍〜数十倍の間に答えが収まるので計算しやすくなりますし、間違えにくいです**（小数点の計算が入ると難しい、という方は、2-8節で小数の掛け算の練習ができますのでぜひ挑戦してみてください）。

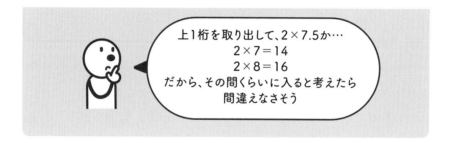

上1桁を取り出して、2×7.5か…
2×7＝14
2×8＝16
だから、その間くらいに入ると考えたら
間違えなさそう

もう一つ、別の方法をご紹介します。**掛け算をするとき、数十〜数百くらいであれば、０の個数をそのまま片側に移行して計算してしまいます。**

200 × 75億 ＝ 20 × 750億 ＝ 2 × 7500億 ＝ 1兆5000億

意味で解釈をすれば、「75億が200個だから、750億が20個、7500億が2個ってことか！」など、口で喋りながら計算をするのも一つです。

1-4　練習問題

（1）1000 × 800万

（2）500万 × 20万

（3）2,000 × 3,000

（4）90 × 9万

（5）70万 × 500

（6）20 × 6000万

（7）500 × 50万

（8）30万 × 8万

（9）40 × 2,000

（10）90万 × 400万

（11）300万 × 700万

（12）8000万 × 200

（13）5万 × 400

（14）6,000 × 100

（15）40万 × 70万

（16）8,000 × 8億

（17）100億 × 6000

（18）2万 × 2,000

（19）70 × 80億

（20）20万 × 9億

1-5 | コンビニの売上はいくらくらい？

　毎日1回はコンビニエンスストアに立ち寄るという人も多いのではないでしょうか。私もその一人です。

　それだけ多くの人が利用するコンビニですが、その売上はいくらくらいだと思いますか？

　1人1回あたりの買い物で、平均500円使うとしましょう。お弁当と飲み物を一緒に買えば700〜800円のこともあるでしょう。おにぎりやコーヒーだけのときは200〜300円くらいになります。

　次に、1日に何人くらいのお客が来ているのかを考えます。これも仮に設定して、1分あたり1人だとします（もちろん昼時であればもっとお客は多いでしょうし、深夜から早朝にかけては少ないでしょうが、平均1人と仮定します）。そうすると、1時間あたり60人ですから、24時間で1440人（60人×24時間）となります。

よって、

　　　500円×1440人＝1000円×720人＝72万円

　　　　　　　　　　（2倍と半分のテクニック、2-5節参照）

ということになります。つまり、1日あたりの売上は72万円になります。

さらに、ここから年間の売上も算出してみましょう。

　　　72万円×365日＝2億6280万円

となります。

　実は、セブン-イレブンの1店舗あたりの1日の平均売上高は、67万円（2023年2月期）でした。非常に近い値であることがわかります（セブン-イレブンの平均客単価は現在741円で、500円よりは高く、来客数は

1分1人より少ないイメージです)。

　この年間売上を出す計算は、年間の時間数を先に求めるとさらに計算しやすくなります。1年は、8760時間(24時間×365日)です。つまり、1時間当たりの売上に8760(約9000)を掛ければ、おおよその売上が算出できてしまうのです。

> **POINT** 24時間365日営業の店なら、1時間の売上に×9000をしたら年間の売上がわかる

例1 **1時間あたりの売上が3万円のとき、年間の売上は?**

　1時間あたりの売上が3万円であれば、

　　3万×8760

で計算できます。

　実は、この「×8760」は「×10000×0.9」とほぼ等しくなります。つまり、1万倍してから、1割だけ減らせば、ほぼ同じ金額になるのです。

　よって、1時間で3万円の売上であれば、年間の売上が、

　　3万円×10000×0.9＝3億円－3000万円＝2億7千万円

と簡単に計算できます(ちなみに1時間で3万円なら、1回500円の買い物をしている人が1時間あたり60人程度となります)。

1時間あたりの売上がわかれば、1秒で年間売上を出してみせます!!

1万かけて1割減らすだけで出せるんだよなぁ 😊

　　24時営業のコンビニを考えたとき、おおよその年間の売上を計算してみましょう。

（1）1時間あたりの売上が2000円のとき

（2）1時間あたりの売上が3000円のとき

（3）1時間あたりの売上が10,000円のとき

（4）1時間あたりの売上が2万円のとき

（5）1時間あたりの売上が6万円のとき

（6）1時間あたりの売上が8000円のとき

（7）1時間あたりの売上が5000円のとき

（8）1時間あたりの売上が10万円のとき

（9）1時間あたりの売上が700円のとき

（10）1時間あたりの売上が4万円のとき

（11）お客様が1時間あたりに50人、平均単価が200円のとき

（12）お客様が1時間あたりに10人、平均単価が800円のとき

（13）お客様が1時間あたりに40人、平均単価が250円のとき

（14）お客様が1時間あたりに30人、平均単価が1000円のとき

（15）お客様が1時間あたりに50人、平均単価が1200円のとき

（16）お客様が1時間あたりに100人、平均単価が700円のとき

（17）お客様が1時間あたりに9人、平均単価が1000円のとき

（18）お客様が1時間あたりに5人、平均単価が600円のとき

（19）お客様が1時間あたりに3人、平均単価が400円のとき

（20）お客様が1時間あたりに100人、平均単価が220円のとき

1-6 あのラーメン店の 売上はどのくらい？

　　いつも行列ができている超人気のラーメン店。弊社渋谷本社の近くにもラーメン激戦区があります。私の好きなつけ麺屋さんでは、どの時間帯にいっても、ほぼ行列ができています。テーブル席はなく、カウンターのみの10席。開店時間は11時〜23時の12時間。

　　ノーマルのつけ麺が900円ですから、平均単価は1000円ちょっとでしょうか。およそ1000円として計算してみましょう。

　　いつも満席であることを考えると、1時間あたりにどのくらいお客がきているのか、シミュレーションしてみます。1人がラーメン店に入り、食べ終わって店を出るまでを30分程度とします。そうすると1時間で、1席に2人座ることになります。つまり、営業時間12時間で、なんと24回転となります。**この1席に1日あたり何人座るのかという指標のことを回転率と呼びます。**ものすごい回転率ですね。

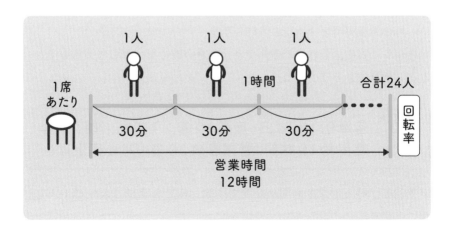

よって、10席だと1日に240人が来店する計算です。ここにお客の平均単価1000円を掛け算すれば、24万円と1日の売上高が算出できます。

あとは、月の営業日数を掛け算すれば月の売上高が算出できます。おおよそ720万円になります。年換算だと1億円近い売上(8640万円)ですね。

> **POINT** 月売上＝お客様単価×席数×回転率
> 　　　　　×月の営業日数

**例1） 客単価800円、席数10席、10回転／日、
　　　　営業日数20日の月の売上は？**

それぞれ掛け算すれば求められますが、わかりやすいように、

①何人くらい来ているのか？（席数×回転率）

②1日の売上はどのくらいか？（×客単価）

③月の売上はどのくらいか？（×営業日数）

という順番で掛けていくと間違いないでしょう。

　　1日あたりの客数＝席数×回転率＝10×10＝100人

　　1日の売上高＝800×100＝8万円

　　月の売上高＝8万×20＝160万円

ということで、これまで学んできた大きい数の掛け算の考え方も活かしながら計算できそうですね！

**例2） 客単価1000円、席数10席、1回転／時、営業
　　　　時間約15時間、営業日数30日の月の売上は？**

1回転／時とは、1時間あたりで1席に座るお客様の人数が1人ということです。

1日あたりの客数＝席数×回転率／時×営業時間

$$= 10 \times 1 \times 15 = 150 人$$

1日の売上高＝1000×150＝15万円

月の売上高＝15万×30＝450万円

同じロジックで居酒屋や他の形態のお店の売上も簡単に出せそうです。

1-6 練習問題

以下のとき、月あたりの売上を求めてみましょう。

（1）お客様単価800円、席数10席、10回転／日　営業日数20日

（2）お客様単価1000円、席数10席、20回転／日　営業日数20日

（3）お客様単価1500円、席数10席、3回転／日　営業日数20日

（4）お客様単価600円、席数10席、15回転／日　営業日数20日

（5）お客様単価900円、席数10席、7回転／日　営業日数30日

（6）お客様単価1000円、席数10席、2回転／時
　　　営業時間10時間　営業日数20日

（7）お客様単価1000円、席数20席、1.5回転／時
　　　営業時間10時間　営業日数20日

（8）お客様単価1000円、席数15席、1回転／時
　　　営業時間10時間　営業日数20日

（9）お客様単価2000円、席数30席、0.5回転／時
　　　営業時間10時間　営業日数30日

（10）お客様単価800円、席数10席、2回転／時
　　　営業時間10時間　営業日数30日

1-7 市場規模から購入者数を予測してみる

　市場規模から購入者数の予測をしてみましょう。例えば、シャンプーの国内市場規模は2000億円ほどです。これは具体的に、どのくらいの規模感なのでしょうか。

　仮に1億人がシャンプーを買っているとして計算してみます。1人あたりの年間購入金額は、約2000円と計算ができます。計算式は、

　　2000億÷1億＝2000円

「1人あたりの年間購入金額＝市場規模÷購入人数」という数式から導き出せます。いきなりこの割り算は難しいので、まずは、頭の数が1のみの計算で、この大きい数の割り算を考えてみましょう。

> **POINT** ▷ 大きい数の割り算は0の個数の引き算となる

> **例1**) 1兆の市場規模。1人年間購入額が10万円なら、何人くらいが利用しているか？

　これは、1兆÷10万で算出することができますが、どのようにしたらこの大きい数の割り算が計算できるでしょうか。電卓を使うと逆に大変ですし、パッと出てきませんね。

実は、シンプルな約分を考えてみるとわかりやすく、大きな数の割り算は、「0」の個数の引き算として考えることができます。

$$\frac{1,000,000,000,000}{100,000} = 10,000,000$$

約分が0の個数の引き算になっている

　ということで、シンプルに引いてみましょう。1兆は「0」の個数が12個で、10万は「0」の個数が5個です。

　0の個数は12－5＝7となりますので、7＝3＋4と分解でき、それぞれ1000と万になりますので、1000万人となります。購入者が1000万人程度いる規模と推測されます。

　大きい数の掛け算は「0」の個数の足し算でしたが、割り算は引き算なんですね。次の図のような関係になっています。

大きい数の　　＝　　0の個数の
掛け算　　　　　　　足し算

面白い
関係が
あるね

大きい数の　　＝　　0の個数の
割り算　　　　　　　引き算

　以下についてそれぞれ購入人数を計算してみましょう。

（1）1兆円の市場規模。一人あたりの年間購入金額が1000円

（2）100億円の市場規模。一人あたりの年間購入金額が10万円

（3）10億円の市場規模。一人あたりの年間購入金額が1000万円

（4）10億円の市場規模。一人あたりの年間購入金額が1万円

（5）10兆円の市場規模。一人あたりの年間購入金額が100万円

（6）100兆円の市場規模。一人あたりの年間購入金額が100万円

（7）1億円の市場規模。一人あたりの年間購入金額が1000万円

（8）1兆円の市場規模。一人あたりの年間購入金額が10万円

（9）100億円の市場規模。一人あたりの年間購入金額が100万円

（10）1000億円の市場規模。一人あたりの年間購入金額が1000円

（11）10億円の市場規模。一人あたりの年間購入金額が100万円

（12）10兆円の市場規模。一人あたりの年間購入金額が10万円

（13）100兆円の市場規模。一人あたりの年間購入金額が1000万円

（14）1億円の市場規模。一人あたりの年間購入金額が1000円

（15）1兆円の市場規模。一人あたりの年間購入金額が100万円

（16）100億円の市場規模。一人あたりの年間購入金額が1000万円

（17）1000億円の市場規模。一人あたりの年間購入金額が100万円

（18）10億円の市場規模。一人あたりの年間購入金額が100円

（19）10兆円の市場規模。一人あたりの年間購入金額が1000万円

（20）100兆円の市場規模。一人あたりの年間購入金額が10万円

大きい数の割り算を素早く解きたい人のためのアドバイス

　実は、大きい数の掛け算について素早く解く方法があったように、割り算でももっと素早く解く方法があります。

　先ほどご紹介した方法は、「0の個数で解く方法」。これは掛け算のときと同様に、初心者向けの解き方になっていましたので、もっとワクワクする解き方をご紹介しましょう。

　大きな数の割り算のやり方は大きく4つあります。

1．ゼロの個数を数えて計算する方法

2．漢字計算法

3．掛け算で解く方法

4．約分計算法

1は既に説明したので2、3、4についてそれぞれ説明しましょう。

漢字計算法

　2の漢字計算法についてご紹介します。**この漢字計算法については、割り算を分数で表したとき、はみ出た数が分母より分子の方が大きいときに活用できます。** はみ出た数とは、例えば「十億」のうち、左側の「十」のことです。「百万」なら「百」です。この漢字計算法で計算するためには、以下の公式を覚える必要があります。キリのよい「万」「億」「兆」での割り算で使える公式になります。

・兆 ÷ 億 ＝ 万
・兆 ÷ 万 ＝ 億

・億 ÷ 万 = 万

　これらは式変形してみるとわかりますが、大きい数の掛け算の公式そのものです。それぞれ「兆＝万×億」「兆＝億×万」「億＝万×万」となります。

　あとは、大きい数の掛け算のときと同様に、意味で以下の計算を感じ取りましょう。

　　　千 ÷ 十 = 百（千円を十人で分けたら、1人100円ずつ）
　　　千 ÷ 百 = 十（千円を百人で分けたら、1人10円ずつ）
　　　百 ÷ 十 = 十（百円を十人で分けたら、1人10円ずつ）

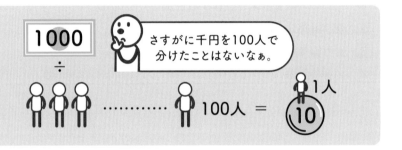

　あとはわざわざご紹介しませんが「百÷百＝一」とか「百÷一＝百」などがあります。

　この漢字計算法がややこしくなってしまうのは、万、億、兆からはみ出た数（一、十、百、千という数について）が、分子より分母の方が大きいときです。 あとでご紹介する、掛け算で解く方法を実践したり、約分計算法との組み合わせが必要になってきます。

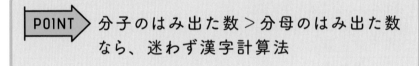

POINT　分子のはみ出た数 > 分母のはみ出た数
　　　　なら、迷わず漢字計算法

大きい数の割り算をすばやく解きたい人のための…

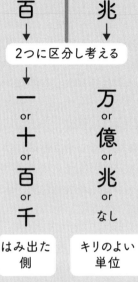

百 | 兆 ÷ 十 | 万

百→
兆→

2つに区分し考える
↓

一
or
十
or
百
or
千

はみ出た
側

万
or
億
or
兆
or
なし

キリのよい
単位

左側 百 ÷ 十 ということで

分子側 分母側

百 ＞ 十 となるので
簡単に計算できる

十 ＜ 百 となる場合
→別の方法で解く

右側 3つの公式

億 ÷ 万 ＝ 万
兆 ÷ 万 ＝ 億
兆 ÷ 億 ＝ 万

を利用して解く

例1) 百兆 ÷ 十万 ＝

はみ出ている数(百、十)と、キリのよい単位(兆、万)で分けて計算をしましょう。

$$百兆 ÷ 十万 = \frac{百兆}{十万} = \frac{百×兆}{十×万} = \frac{百}{十} × \frac{兆}{万} = 十 × 億 = 十億$$

このように分解して計算をすれば難しくないですね。

例2 ） 千億 ÷ 百 ＝

　先ほどの例1と同じく、はみ出ている数(千、百)と、キリのよい単位(億)で分けて計算をしましょう。

$$千億 ÷ 百 = \frac{千億}{百} = \frac{千 × 億}{百} = \frac{千}{百} × 億 = 十 × 億 = 十億$$

このように計算できますね。いかがでしょうか。慣れてきましたか？

　例題のような問題ならよいのですが、例えば、「百億÷千万」といった割り算は、はみ出ている数が、「百÷千」になってしまうため、うまく割り算ができません(正確に言えば、「0.1」として計算すればうまくいくのですが、のちに紹介する掛け算で解く方法や、約分計算法を用いた方が間違えにくいです)。

掛け算で解く方法

　前の節で学んだ掛け算の公式を駆使して、適当に分母となる数に掛け算をしながらその答えを当てていく方法です。具体的に問題を見ていきましょう。

例1 ） 100億 ÷ 10万 ＝

この計算の意味を考えるなら、10万をいくつ集めたら100億になるのか。その解が答えになる、ということになりますので、適当に数字を当てはめていきましょう。例えば、「万」が答えになる、としてみます。

　すると、10万×万＝10億となるので、分子となる100億には0が1個分だけ足りません。よって答えは、10万になるということです。適当に数字を入れてみて、分子になるように調整すればよいのです。

ちょっとピンとこない方は、

100億／10万＝x

100億＝x×10万

となることから、xに入る適当な値を求めればこの割り算は求められるということがわかると思います。

> POINT▶ 適当に数字を当てはめながら割り算してみよう

例2） 10億 ÷ 100 ＝

100に何を掛けたら10万になるでしょうか。例えば、「億」を掛けてみましょう。すると、

100×億＝100億

となるので、「0」が1個多すぎたようです。「0」を1個減らして、1000万と答えが出ます。

念のために掛け算の公式もここに書いておきましょう。

- 十 × 十 ＝ 百
- 百 × 百 ＝ 万
- 千 × 千 ＝ 百万
- 万 × 万 ＝ 億
- 億 × 万 ＝ 兆

　4番目の「約分計算法」について説明します。掛け算のときと同様ですが、**分母、割る数が万、億、兆になると計算がすごく楽になるので、なるべくそうなるように微調整をしていきます。**

　その際、以下の公式が活用できます。

・兆 ÷ 億 = 万
・兆 ÷ 万 = 億
・億 ÷ 万 = 万

> **POINT**　「万、億、兆」で区切るように
> 約分を活用する

$$十億 ÷ 千万 = \frac{十億}{千万}$$

分母をなるべく万or億or兆にするのが約分計算法のコツ

千万 → 億 になるように分子分母を両方10倍すると

$$百億 ÷ 億 = \frac{百億}{億} = 百$$ となり簡単!!

例1）　　　　　　十万 ÷ 百 ＝

　この計算は、先ほどの漢字計算法だと、計算が非常にしづらくなります。ですので、分子分母に勝手に100を掛けてみると、分母が万になって計算しやすくなります。

$$十万 \div 百 = \frac{十万}{百} = \frac{十万 \times 百}{百 \times 百} = \frac{千万}{万} = 千$$

いかがでしょうか。一気に簡単になったのではないでしょうか。

例2）　　　百億 ÷ 千 ＝

この問題なら、分子分母に10を掛けてみましょう。分母が万になりそうです。

$$百億 \div 千 = \frac{千億}{万} = 千万$$

例3）　　　一兆 ÷ 千万 ＝

これも分子分母に10を掛けてみます。

$$一兆 \div 千万 = \frac{一兆}{千万} = \frac{十兆}{一億} = 十万$$

超簡単に答えが出てきますね。

さて、合計4つの方法を紹介しましたが、あなたはどれがお好みでしたでしょうか？ 問題によってを使い分けて活用するとよいでしょう。

問 題 1-D

　以下の大きい数の割り算をこれまで学んだ 4 つの方法を駆使しながら解いてみてください。

例：百億 ÷ 千 ＝ 千万

・漢字計算法：はみ出ている数が「百÷千」になるので難しそうです。

・掛け算で解く方法：とりあえず分母である「千」に億を掛けてみると、「千×億＝千億」。分子が百億に対して 0 が 1 個だけ多くなってしまうので、億から 0 を 1 個分引いてみると、千万となり、答えが千万であることがわかります。

・約分計算法：$百億 ÷ 千 = \dfrac{百億}{千} = \dfrac{百億×十}{千×十} = \dfrac{千億}{万} = 千万$

（分子、分母に十を掛けて計算しました）

（1）千 ÷ 十　　　　　　（11）百億 ÷ 千

（2）百 ÷ 十　　　　　　（12）千万 ÷ 万

（3）千 ÷ 百　　　　　　（13）億 ÷ 百

（4）百万 ÷ 百　　　　　（14）百万 ÷ 十

（5）千万 × 十　　　　　（15）十兆 ÷ 万

（6）億 ÷ 万　　　　　　（16）千万 ÷ 十

（7）十億 ÷ 百　　　　　（17）千憶 ÷ 百

（8）百兆 ÷ 千億　　　　（18）十万 ÷ 百

（9）十万 ÷ 千　　　　　（19）億 ÷ 千万

（10）千兆 ÷ 百万　　　　（20）兆 ÷ 十

1-8 映画の興行収入から観客数を求めてみる

ある映画の興行収入が100億円だったとしましょう。映画の鑑賞料金の平均が約2000円とした場合、何人くらいが見た計算になるでしょうか。

$$100億 \div 2000 = \frac{100億}{2000} = \frac{1 \times 100億}{2 \times 1000} = \frac{1}{2} \times 1000万 = 500万$$

つまり、500万人も見た！ ということがわかりますね。ということで、今度はもっと難しい計算に挑戦してみましょう。頭の数が1ではない大きい数の割り算に挑戦です。

POINT▷ 桁と頭の数で分離して割り算しよう

例1 ）3兆円の市場規模がある商品。1人年間購入額が60万円なら、何人くらいが利用していると考えられる？

3兆 ÷ 60万

と計算すればよいのですが、暗算だとなかなか難しいですね。桁の計算を間違えてしまいそうになります。熟練者でも桁を間違えやすく、初心者ならなおさら気を付けなければいけません。

これは、桁の計算と頭の計算を分離して計算するのがコツです。というか、分離させないと高い確率で間違えます。頭の中で式の変形をしていくと、

55

いつの間にか桁の計算がごちゃごちゃになってしまうことがあります。

具体的には、3兆÷60万についてまず頭の数を1としてから計算します。

1兆÷10万＝1000万

次に、頭の数を計算します。

3÷6＝0.5

です。この計算は難しいように思えるかもしれませんが、勝手に桁を移動させて

30÷6＝5

と考えると簡単ですね。

つまり、3＜6、つまり分子よりも分母の方が大きいことが計算を難しくさせている原因です。**この計算のポイントは、分子よりも分母の方の数が大きいとき、必ず答えが0.1よりも大きく、1よりも小さくなる習性を利用することです。**そうすると、0.1～0.9くらいの間に答えがくることがわかります（この計算は、58ページのコラムで詳しく解説します）。

そして、出てきた2つの答えをくっつけて計算をします。すると、1000万×0.5＝500万という答えになるわけです。

ちなみに計算式では、

$$\frac{3兆}{60万} = \frac{(3 \times 1兆)}{(6 \times 10万)} = \frac{3}{6} \times \frac{(1兆)}{(10万)} = 0.5 \times 1000万 = 500万$$

となるから、頭の数の部分と、桁の計算部分に分解することができるのです。

例2 　　　　　 **6000万 ÷ 200 ＝**

この計算は、頭の数が、6＞2となっているので簡単ですね。

桁の計算：1000万÷100＝10万

頭の数の計算：6÷2＝3

よって、3×10万＝30万が答えになります。もしこの答えが不安なら、200×30万＝6000万となることを確認してみてください。

1-8 練習問題

以下について計算してみましょう。

（1）6兆÷100万

（2）20兆÷1000万

（3）300億÷10万

（4）4000億÷1000

（5）500兆÷1億

（6）2億÷2万

（7）80億÷2億

（8）4000億÷200

（9）600兆÷300億

（10）2兆÷4万

（11）100億÷2000万

（12）5億÷20万

（13）10億÷5000

（14）20兆÷1億

（15）200万÷4万

（16）10兆÷4000万

（17）1000億÷20万

（18）7兆÷7000

（19）3億÷60万

（20）8億÷400

$$100億 \div 2000万$$

$$= \frac{100億}{2000万} = \frac{1}{2} \times \frac{100億}{1000万} \quad として計算$$

頭の数は分けて
計算するのは
掛け算も一緒だったね!!

1桁÷1桁をどう考えるか？

先ほどの節でちょっと躓いた方もいらっしゃるかもしれません。

大きい数の割り算に取り組むときには、頭の数を取り出して、「1桁÷1桁」の計算を実施します。この計算が意外と難しいのです。しかし、一部は簡単です。

例えば、6÷3＝2

など、「分子＞分母」となるときは難なく計算できます。**問題は「分子＜分母」となるときです。**ちょっと具体例を見ていきましょう。

・2÷3
・4÷8
・5÷7

などです。難しく感じますね。しかし、この計算は、すべてこのように変換したら簡単に感じませんか。

・20÷3
・40÷8
・50÷7

そう、分子に0を1個増やしただけ、ただそれだけにもかかわらず一気に簡単に見えるはずです。

・20÷3＝6.7くらい
・40÷8＝5
・50÷7＝7.1くらい

と答えが出てきます。この出てきた答えの小数点を一つ動かすだけです。

つまり、

・$2 \div 3 = 0.67$
・$4 \div 8 = 0.5$
・$5 \div 7 = 0.71$ くらい

となるわけですね。実は、1桁同士の「分子＜分母」となる割り算は、答えは必ず「0.1 ～ 1」の間になります。つまり、**分子よりも分母が大きい1桁の割り算の時点で、桁を一切考える必要はありません。必ず0.1 ～ 1の間にきますから。**

　もっと言えば、1桁同士の「**分子＞分母**」の割り算の答えは、必ず1～10の間にきます。この性質をわかっておくだけで一気に大きい数の割り算がしやすくなることでしょう。

　つまり、計算の順番としては、

1．計算しやすいように適当に桁をいじって頭の数を計算する
2．分子＞分母となるとき、1～10の間にくるように桁の調整をする
3．分子＜分母となるとき、0.1～1の間にくるように桁の調整をする

　この流れでOKです！ 少しずつ練習しながら習得していきましょう。

1-9 大人気テーマパークの1日の来場客は何人？

とある大人気テーマパークは年間来場者数が多い年で3000万人とも言われています。すごい人数ですよね。日本人の4人に1人が行っている計算になります。

ではその場合、1日あたりではどのくらいの人が来場しているのでしょうか。

> **POINT** ÷365は、×0.27%と同じ
> （÷1000×3くらい）

> **例1** 年間来場者数3000万人。1日あたり何人か。
> 営業日数が毎日のものとする。

3000万÷365＝

で計算できそうですが、このとき、「**÷365**」ではなく「**÷1000×2.7**」で計算することで、より簡単に答えを導き出せます。

3000万÷365≒3000万÷1000×2.7＝8.1万人

ということで、1日あたり約8万人の来場者がいることがわかります。

実は、「÷365」と「×0.27%」はほぼ一緒の値となります。多少の誤差を許容できれば「÷1000×3」でもよいですし、「÷100÷4」でも

OKだと思います。

　同じ式であっても、ざっくり計算を許せば、様々な計算手法が可能になるのです。

　例えば、「÷1000×3」でやってみましょう。

　3000万×0.27%≒3000万÷1000×3＝9万

「÷100÷4」でやってみましょう。

　3000万×0.27%≒3000万÷100÷4＝7.5万

という流れで計算してもよいでしょう。

例2 ）年間来場者数3000万人。
**　　　1カ月あたり何人か。**

　1カ月あたりに換算するには、12カ月で割ればいいので、250万人であることがわかります。

　3000万÷12を計算するには、2種類の方法があります。

　3000万÷2÷6＝1500万÷6＝250万

と順番に計算する方法。

　もしくは、第2章で学ぶパートナーナンバーを用いて、8.3%分を出します。

　3000万×0.083＝3000万×0.01×8.3＝30万×8.3＝249万

あの夢の国にはそんなに人が来てたの！！
3000万ってことは日本人の4人に1人！？　すごー！！

参考：365日営業以外の営業日数の場合

÷365＝　÷1000×2.7
÷250＝　÷1000×4　（おおよそ週2日程度休み）
÷300＝　÷1000×3.3（おおよそ週1日程度休み）or　÷100÷3

　以下についてそれぞれ来場人数をざっくりで構いませんので計算してみましょう。

（1）年間来場者数10万人。1日あたり何人？（365日営業）

（2）年間来場者数100万人。1日あたり何人？（約250日営業）

（3）年間来場者数30万人。1日あたり何人？（約300日営業）

（4）年間来場者数400万人。1日あたり何人？（365日営業）

（5）年間来場者数50万人。1日あたり何人？（約300日営業）

（6）年間来場者数90万人。1日あたり何人？（約250日営業）

（7）年間来場者数1000万人。1日あたり何人？（365日営業）

（8）年間来場者数800万人。1日あたり何人？（約250日営業）

（9）年間来場者数3000万人。1日あたり何人？（約300日営業）

（10）年間来場者数700万人。1日あたり何人？（365日営業）

（11）年間来場者数30万人。1日あたり何人？（365日営業）

（12）年間来場者数500万人。1日あたり何人？（約250日営業）

（13）年間来場者数120万人。1日あたり何人？（約300日営業）

（14）年間来場者数600万人。1日あたり何人？（365日営業）

（15）年間来場者数60万人。1日あたり何人？（約300日営業）

（16）年間来場者数2000万人。1日あたり何人？（約250日営業）

（17）年間来場者数3000万人。1日あたり何人？（365日営業）

（18）年間来場者数4万人。1日あたり何人？（約250日営業）

（19）年間来場者数90万人。1日あたり何人？（約300日営業）

（20）年間来場者数800万人。1日あたり何人？（365日営業）

1-10 来店人数あたりの購入率を試算する

　あるお店に100人来店して、70人が商品を購入したとすると、購入率は70％ですね。これはお店のみならず、WEB集客の考え方でも言えます。

　1000人がWEBを訪れて、80人が商品を購入しました。となれば、購入率は8％となります。来店人数に対しての購入人数のことをコンバージョン率と呼びます。80／1000で計算できます（何をコンバージョンと置くかにもよります）。

　コンバージョン率はときに1％を下回ることもあり、0.05％、0.2％などといった小さい数にも慣れておく必要があります。購入率だけでなく、小さな確率で起こるリスクなどを考える上でも0.1％などに親しんでおくとよいでしょう。

　例えば、40歳男性が1年間に死亡する確率は0.1％で1000人中1人です。小さな確率ではあるものの、ゼロではありません（厚生労働省　令和4年簡易生命表による）。

> **POINT** 分母100にしたときの分子の値が「パーセント」

例1 ）1万件のアクセスに対して300件の申込は何％？

300 ÷ 1万 = 0.03（3％）

計算方法として、小数点以下を求めるのも一つですが、分母を100に統一してみると、あとは％をつければ、すぐに解を出すことができます。

例えば、

$$= \frac{300}{1万} = \frac{3}{100} = 3\%$$

ということになれば、あとは分母100のときの分子にくるものが「パーセント」という単位になるわけです。よって、3％と解が出ます。

例2 ）1000人の来店で5人の購入者。購入率は？

分数で表現すれば、5／1000となりますね。1／1000が0.1％であることから（右ページの図を参照）、その5倍であることから、0.5％とわかります。

もしくは、分母を無理やりに100にしてもよいでしょう。0.5％と自然に答えを出すことができます。

$$\frac{5}{1000} = \frac{0.5}{100} = 0.5\%$$

例3 ）4万人の来店で3000人の購入者。購入率は？

$$3000 \div 4万 = \frac{30}{400} = \frac{7.5}{100}$$

このように、分母を100に整えるとうまくパーセントが出ます。

以前、生命保険の不適切営業の問題が発覚したことがあります。当時、約3000万件の契約件数に対して、2.4万件程度の不正があったことがわかったそうです。これは、0.08％に相当します。0.08％は高いのか、低いのかという議論はきちんとしていく必要があります。

実際にその会社は業務停止命令を受け、契約の勧誘が停止となりました。

たった0.08%だから……と侮るなかれ（実際のところは、当時の調査から徐々に不正契約や不適切営業の件数が大幅に増加するに至りました。たった0.08%の発覚が起点となったのは確かです）。

　このように、購入率などだけではなく、エラーの確率なども考えると、**1000分の1＝0.1%、1万分の1＝0.01%なども習得しておきたい割合の一つになります。**ぜひいつでも使えるように覚えていきましょう。

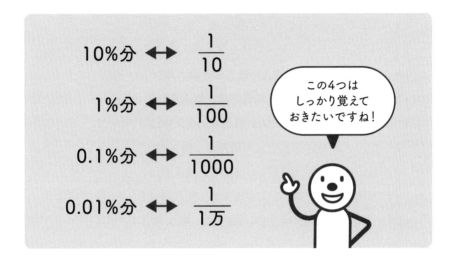

　　以下についてそれぞれ計算してみましょう。

（1）100人の来店で3人の購入者。購入率は？

（2）1000人の来店で1人の購入者。購入率は？

（3）1万人の来店で5人の購入者。購入率は？

（4）5万人の来店で10人の購入者。購入率は？

（5）200人の来店で5人の購入者。購入率は？

（6）3000人の来店で12人の購入者。購入率は？

（7）800人の来店で120人の購入者。購入率は？

（8）16万人の来店で16人の購入者。購入率は？

（9）6000人の来店で3人の購入者。購入率は？

（10）7万人の来店で280人の購入者。購入率は？

COLUMN 2
マクドナルドの売上から見る

日本マクドナルドの2022年度の全店売上高は7175億円となりました。約7000億円としていろいろな計算を試してみましょう。

年間利用者数

みなさんは、マクドナルドで1回いくらくらい使いますか? セットメニューならば700〜800円かもしれませんし、コーヒー1杯だけで120円程の人もいるでしょう。

値段の差があるので、ここでは仮に400円としましょう。このとき、年間何人くらいがマクドナルドを利用しているでしょうか。

$$7000億 \div 400 = 17億5000万人$$

ということは、日本の人口よりもはるかに多くの人が利用していると考えられます。もちろんこの利用者数は延べ人数となっています。

月間利用者数

次に17億5000万人をざっくり18億人と考えて、月間の利用者数を出してみましょう。

$$18億人 \div 12 = 1億5000万人$$

つまり、月に1回利用する延べ人数は、なんと日本の人口より多い! 単純計算だと日本人は月に1回以上、マクドナルドを利用していることになりますね!

1日あたりの利用者数

さらに、一日あたりの利用者数を見てみましょう。1カ月を30日とします。

$$1億5000万人 ÷ 30 = 500万人$$

1日に1回利用する人は、500万人！とんでもない人数ですね。

1店舗あたりの売上高

$$7000億 ÷ 約3000店舗 = 約2.3億／1店舗$$

1店舗あたり2.3億の売上高となります。（2022年12月現在での店舗数は2967店あります）

1店舗、1分あたり何人くらいお客が来ているのか？

2.3億の売上と聞いてもあまりピンとこないかもしれません。客単価400円として何人くらいきているのか計算してみましょう。

1時間あたり（わかりやすく24時間営業として）の売上高が約2.5万円と計算できて（1-5節で学んだように2.3億円÷9000円）、客単価400円で割り算します。

$$2.5万 ÷ 400円 = 約62人$$

これはあくまで平均ですから、お昼や夕方の混む時間帯では、1分1人以上のペースでお客が来ていることになります。

マクドナルドの売上7000億って
実感が沸かなかったけど
こうやって割り算で分解してみるとよくわかるなぁ。
いかに国民食となっているかもよくわかる！！

計算の基礎とコツを
マスターしよう

1章でいきなり本題に入った感がありますが、2章では少し戻って計算の基礎固めをしていきましょう。問題なくできていること、少し忘れていたこと、確認していきましょう。いずれにしても、「社会人にとって実戦的に必要な」すべての計算の基礎となる部分です。

 2-1 足し算の基本

　足し算の復習からやっていきましょう。足し算は、10の束をつくってあげられるかどうかが大事になってきます。

 POINT 足し算は補数（8の補数は2）をどれだけ早く出せるか

例1　　　　　　　　　8 ＋ 7 ＝

　8 ＋（2 ＋ 5）＝ 15

　「繰り上がり（10以上）がある足し算が難しい！」という方は、いきなり求めるのではなく、「補数」を意識してみると足し算しやすくなります。

　補数とは、その数を"補う"数のことで、例えば8に何を足したらキリのよい数になるか？ と考え、10をつくります。よって、2が補数になるわけです。あとは、7から補数であった2を引いてあげて残りの5を足します。1桁同士の足し算がなかなか難しいときは、この補数を意識してみるとよいでしょう。

5の補数は5
6の補数は4
7の補数は3
8の補数は2
9の補数は1

頭に入れておきたいね！

（1）1 + 2 = ?

（2）3 + 4 = ?

（3）2 + 5 = ?

（4）4 + 6 = ?

（5）5 + 4 = ?

（6）8 + 3 = ?

（7）6 + 6 = ?

（8）7 + 9 = ?

（9）9 + 2 = ?

（10）8 + 7 = ?

（11）5 + 8 = ?

（12）8 + 8 = ?

（13）8 + 4 = ?

（14）9 + 8 = ?

（15）6 + 8 = ?

（16）7 + 6 = ?

（17）4 + 7 = ?

（18）6 + 9 = ?

（19）9 + 7 = ?

（18）3 + 7 = ?

2-2 | 引き算の基本

　引き算のやり方は、大人になると意外と忘れてしまうものです。どうやっていたかな？　と言葉にできないこともしばしば。ということでやっていきましょう。

　引き算をうまくやる方法として、大きく2つあります。

POINT　引き算は、左から？　右から？　意識して引いてみよう

例1）　　　　　　　　15 − 7 ＝

右から引く方法

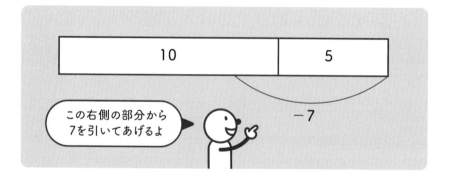

10	5

−7

この右側の部分から
7を引いてあげるよ

右から引くと、15からまずははみ出た 5 の部分を引き、合計 7 を引きますから残りは 2。10 − 2 ＝ 8 という計算で出すわけです。計算式で書けば、

$$15 - 7 = 15 - 5 - 2 = 10 - 2 = 8$$

　卵でイメージするとわかりやすいかもしれません。10個パックの卵と 5 個の卵が冷蔵庫に入っていて 7 個の卵を使うなら、まずははみ出ている 5 個の卵の方から使いますよね。これが右から引くということです。

　　左から引く方法

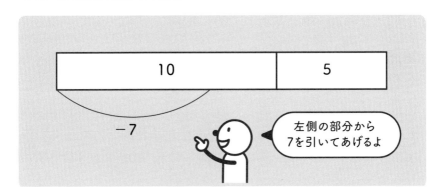

　左から引くとまずは、10の束の方から 7 を引きます。そのあと、残った 5 個を足します。
　卵で言えば、10個パックの方から 7 個の卵を取ること。賞味期限を考えると開けてある方から取りたくなりますが、10個パックからあえてとっていくというのが面白い引き方ですね。

　　どちらがオススメ？

　さて、2 種類の計算法をご紹介しましたが、どちらがおススメでしょうか？ 実は、どちらの計算方法も大事です。シチュエーションに合わせ

て計算法を変えていくのがベスト。例えば、

13 − 4

であれば、右から引いた方が計算は楽な印象です。

13 − 3 − 1 = 10 − 1 = 9

となるので、簡単に 9 と答えが出てきます。10 からはみ出た 3 と、引く 4 という数が近いので、こっちの方がやりやすいわけです。

13 − 9 であれば、左から引いた方が楽な印象です。

13 − 9 = 10 − 9 + 3 = 1 + 3 = 4

となって実質、一の位に 1 を足すだけで計算できてしまいます。

このように引き算だけでも味わい深い計算になります。

（1）13 − 4 = ?

（2）12 − 6 = ?

（3）11 − 3 = ?

（4）15 − 8 = ?

（5）17 − 6 = ?

（6）19 − 5 = ?

（7）11 − 3 = ?

（8）18 − 9 = ?

（9）17 − 4 = ?

（10）14 − 8 = ?

（11）15 − 7 = ?

（12）12 − 9 = ?

（13）18 − 5 = ?

（14）13 − 8 = ?

（15）17 − 9 = ?

（16）16 − 7 = ?

（17）14 − 2 = ?

（18）11 − 6 = ?

（19）11 − 7 = ?

（20）16 − 9 = ?

2-3 九九のおさらい

九九は覚えていますか？ 概算のトレーニングをしていくうえでは必須の知識となります。ここでは一覧を載せておきますので、ぜひ思い出した上で、様々な有効な計算法を活用していきましょう。

1の段	
1 × 1 = 1	1 × 6 = 6
1 × 2 = 2	1 × 7 = 7
1 × 3 = 3	1 × 8 = 8
1 × 4 = 4	1 × 9 = 9
1 × 5 = 5	

2の段	
2 × 1 = 2	2 × 6 = 12
2 × 2 = 4	2 × 7 = 14
2 × 3 = 6	2 × 8 = 16
2 × 4 = 8	2 × 9 = 18
2 × 5 = 10	

3の段	
3 × 1 = 3	3 × 6 = 18
3 × 2 = 6	3 × 7 = 21
3 × 3 = 9	3 × 8 = 24
3 × 4 = 12	3 × 9 = 27
3 × 5 = 15	

4の段	
4 × 1 = 4	4 × 6 = 24
4 × 2 = 8	4 × 7 = 28
4 × 3 = 12	4 × 8 = 32
4 × 4 = 16	4 × 9 = 36
4 × 5 = 20	

5 の段

5 × 1 = 5 5 × 6 = 30
5 × 2 = 10 5 × 7 = 35
5 × 3 = 15 5 × 8 = 40
5 × 4 = 20 5 × 9 = 45
5 × 5 = 25

6 の段

6 × 1 = 6 6 × 6 = 36
6 × 2 = 12 6 × 7 = 42
6 × 3 = 18 6 × 8 = 48
6 × 4 = 24 6 × 9 = 54
6 × 5 = 30

7 の段

7 × 1 = 7 7 × 6 = 42
7 × 2 = 14 7 × 7 = 49
7 × 3 = 21 7 × 8 = 56
7 × 4 = 28 7 × 9 = 63
7 × 5 = 35

8 の段

8 × 1 = 8 8 × 6 = 48
8 × 2 = 16 8 × 7 = 56
8 × 3 = 24 8 × 8 = 64
8 × 4 = 32 8 × 9 = 72
8 × 5 = 40

9 の段

9 × 1 = 9 9 × 6 = 54
9 × 2 = 18 9 × 7 = 63
9 × 3 = 27 9 × 8 = 72
9 × 4 = 36 9 × 9 = 81
9 × 5 = 45

あ！
7の段あたり、
ちょっと
あやしいかも…

2-4 | 2桁×1桁の計算

本書でとり上げている様々な計算を行なうためにはこの2桁×1桁の計算は暗算できることが望ましいです。

まずは、筆算で解けるか確認してみましょう。筆算で解けたら、次になるべくこれを書く量を少なくして解けるかを実践してみましょう。最後に頭の中だけで解けるかを実践していきます。

POINT ▷ 2桁×1桁が暗算でいけるなら本書の計算は暗算でいける

 ①筆算の方法

$26 \times 8 =$

$$
\begin{array}{r}
26 \\
\times \quad 8 \\
\hline
48 \\
16 \\
\hline
208
\end{array}
$$

②メモの方法

$26 \times 8 =$

①
$26 \times 8 = 16$
② 48

1つ横にずらして
縦に書くのがポイント

③頭の中で縦に
足してあげましょう

1	6	
	4	8
2	0	8

　ここで注意！　絶対にやってほしいのは、頭の数から計算することです。なぜなら、頭の数から計算しなければ大きな間違いを犯してしまう可能性があるからです。筆算の下1桁から計算するやり方は、正確に計算する際には大事ですが、頭の数から計算することで、スピードをより早くざっくりと答えを導き出すことができるようになります。

```
      26
 ×     8
      48
   16
  208
```

下2桁から
計算している

$26 \times 8 = 16$
48

頭の2桁から
計算している

　もう少し具体的に言えば、26×8 の 6×8 を計算しても、48となり、これが何を意味するかわかりにくいですが、$20 \times 8 = 160$ となるので、この計算結果は160よりも大きい数だと予測することができるわけです。

筆算は、「手元に紙がある」ことが前提で、「計算に対して間違えてはいけない」という信念をもった計算法です。社会人は間違えてはいけない計算は電卓等を使って計算するので、ここでは、ざっくり感覚で答えを出す、頭の数から計算する癖を身につけていきましょう。

③頭の中だけで解く方法

②でご紹介したやり方を頭の中だけで実践できそうか試してみてください。どうでしょう。練習次第で少しずつできるようになりますよ。

これまで様々な数字の苦手な人を指導してきましたが、「できない」と思い込んでいる方でも、できるようになる姿を何度も見てきました。

2-4 練習問題

（1）$12 \times 3 = ?$ （11）$59 \times 9 = ?$

（2）$45 \times 6 = ?$ （12）$29 \times 7 = ?$

（3）$17 \times 4 = ?$ （13）$88 \times 2 = ?$

（4）$34 \times 7 = ?$ （14）$74 \times 5 = ?$

（5）$89 \times 2 = ?$ （15）$65 \times 3 = ?$

（6）$55 \times 8 = ?$ （16）$47 \times 8 = ?$

（7）$78 \times 5 = ?$ （17）$33 \times 9 = ?$

（8）$21 \times 9 = ?$ （18）$26 \times 4 = ?$

（9）$43 \times 6 = ?$ （19）$18 \times 7 = ?$

（10）$97 \times 3 = ?$ （20）$91 \times 6 = ?$

COLUMN 3

（2桁×1桁の計算）
縦に足すのが難しければ
横に足す方法を実践する

　メモで解く方法を、頭の中だけで、暗算で解こうとするとき、困惑してしまってなかなかうまくいかない方もいらっしゃいます。そんな方におすすめなのが、横に足す方法です。

$$26 \times 8 = \underset{20}{16} + \underset{8}{4} | 8$$

くっつける
208

　こんな風に2つの掛け算を横に並べたあとに、足し算をその間に、②の答えに縦の棒を入れてしまってそのまま足せばよいだけです。簡単に答えが出ますね。

　73×6の計算を少し丁寧に書いてみます。頭の中でもやってみましょう。

$$73 \times 6 = \quad \overset{①}{42} \quad 18 \qquad \text{まずは並べて掛け算する}$$

$$\overset{②}{42+1|8} \qquad \text{間に足し算と右の値の十の位と}$$
一の位の間に縦棒を入れる

$$\overset{③}{\underline{42+1|8}} \qquad \text{縦棒で区切った部分をそれぞれ足す}$$
43　　8　頭の中でこれを読む「438」

第2章 ── 計算の基礎とコツをマスターしよう

2-5 | 2桁×2桁の計算（2倍と半分のテクニック）

2桁×2桁の計算など、もう少し桁が多くなった計算は暗算で行なう必要はありません。というか、珠算などを子どもの頃にやっていた方は別として、一般的に難易度がグッと上がってしまい、習得には頭の中に数字を置きながら計算をする一定の力が必要とされるため、おすすめしていません。ですが、うまく変形すれば暗算できるようになる計算もあります。挑戦してみましょう。

> **POINT** ▷ 1桁をつくる2倍と半分のテクニックを活用しよう

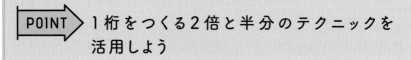

例1 ） 　　　　　　　　$15 \times 24 =$

なかなか難しい計算です。しかし、これをどうやって計算するかといえば、15を2倍にしてしまいます。すると30になって1桁（上から2桁目は0になって0を付け加えるだけ）になります。その代わり、24を半分にします。計算式で置き換えればこんな風になります。計算しやすくなりますね。

15×24
$= 15 \times (12 \times 2)$

——— 82 ———

$$= 15 \times 2 \times 12$$
$$= 30 \times 12 \quad ※$$
$$= 360$$

最初の式から※の式まで飛ばしてみれば、左側を2倍、右側を半分にしていることになります。これが「2倍と半分のテクニック」と呼ばれる所以です。

例2 ）   **16 × 22 =**

この計算はどうでしょうか。

$$16 \times 22$$
$$= 8 \times 44$$
$$= 352$$

2倍と半分のテクニックを駆使すれば、16は半分にすると、1桁になることに気づきます。うまく計算を工夫すれば2桁×1桁にでき、計算しやすくなるのです（片方のかける数が12、14、16、18だったりすると、この手法は使いやすいです）。

> 15×16は
> 暗算できなさそうだけど
> 2倍と半分のテクニックを
> 活用すれば30×8に!!
> かんたんかも!

2-5　練習問題

（1）12 × 15 = ?

（2）15 × 18 = ?

（3）16 × 25 = ?

（4）14 × 35 = ?

（5）18 × 45 = ?

（6）25 × 12 = ?

（7）22 × 15 = ?

（8）45 × 16 = ?

（9）12 × 35 = ?

（10）14 × 45 = ?

（11）12 × 12 = ?

（12）16 × 14 = ?

（13）18 × 33 = ?

（14）13 × 16 = ?

（15）42 × 18 = ?

（16）250 × 14 = ?

（17）12 × 310 = ?

（18）14 × 55 = ?

（19）18 × 750 = ?

（20）16 × 18 = ?

2-6 ┃ 11と2桁の計算

「11を掛ける」という計算は、実は日常の中にあふれています。**例えば、消費税の計算です。**2023年現在、消費税率は10%なので、税抜額から税込額を計算するのに1.1倍しますし、売上が昨年から10%増加したときの計算もこれです。

POINT ▶ 縦にならべて1つ横にスライドして足す

例1 ）　　　$36 \times 11 =$

こちらを筆算で書いてみると以下のようになります。

$$36 \times 11 \rightarrow \begin{array}{r} 36 \\ 36 \\ \hline 396 \end{array}$$ ← 36を1つ左にスライドして足すだけ!

これをじっと眺めてみれば、36 を縦に並べて 1 つ横にスライドして足しているだけです。

　2-4 節の計算問題で解いたときのように、頭の数から計算しましょう。頭の数の方が優先順位が高いので、最初に出してしまいます。

　よって、**36 × 11 = 360 ＋ 36 = 396** と計算ができます。

　ちなみに商品の値段を税込の金額で出す方法も一緒ですが、桁が一つずれてしまうことに注意が必要です。

　実際にやってみましょう。

> **例 2** 税抜価格18万円の商品の税込価格を求めてみましょう。

　税込＝税抜×1.1　となりますが、同じように 1 桁ずらしたものを足すだけです。「× 1」自体はそのままの数字でよいため、残りの「× 0.1」をうまく足してあげれば答えが出ます。つまり、1.8 万を足せばよいわけです。

$$18万 × 1.1 = 18万 ＋ 1.8万 = 19.8万$$

となり、簡単に解けます。

　縦に並べて横にスライドさせると、

$$
\begin{array}{r}
18 \\
18 \\
\hline
198
\end{array}
$$

←── 18を1つ右にスライドして足すだけ！

となり、11 ではなく 1.1 なので小数点を加えて 19.8 と答えが出ます。

2-6　練習問題

（1）11 × 14 ＝ ?

（2）80 × 11 ＝ ?

（3）11 × 22 ＝ ?

（4）72 × 11 ＝ ?

（5）32 × 1.1 ＝ ?

（6）1.1 × 66 ＝ ?

（7）51 × 1.1 ＝ ?

（8）1.1 × 42 ＝ ?

（9）73 × 1.1 ＝ ?

（10）1.1 × 38 ＝ ?

（11）89 × 11 ＝ ?

（12）11 × 67 ＝ ?

（13）440 × 11 ＝ ?

（14）11 × 760 ＝ ?

（15）910 × 11 ＝ ?

（16）1.1 × 850 ＝ ?

（17）5200 × 1.1 ＝ ?

（18）1.1 × 6400 ＝ ?

（19）78万 × 1.1 ＝ ?

（20）1.1 × 980万 ＝ ?

2-7 | 0.2、0.25、0.5 の掛け算

　36×0.5はどうやって計算しますか？ 義務教育で学んだ方法は、36×5をやってから小数点を1個動かすというやり方ですね。もちろん、それでよいのですが…、他にも計算の選択肢を持つことが重要です。

　ここでは計算を言語化してみます。この掛け算の意味を言葉で解釈したとすると、36×0.5は、36の50％分を意味します。**50％分は全体における半分のことですね。よって、36×0.5＝36÷2に変換できるわけです。**

　他にも、同じように掛け算なのに割り算で計算できそうな数はたくさんあります。

　例えば、

$$\times 0.5 \quad \Rightarrow \quad \div 2$$
$$\times 0.25 \quad \Rightarrow \quad \div 4$$
$$\times 0.2 \quad \Rightarrow \quad \div 5$$

という形で変形できます。

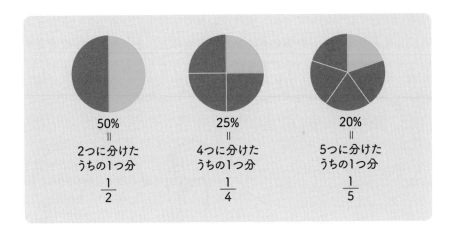

50%
=
2つに分けた
うちの1つ分
$\dfrac{1}{2}$

25%
=
4つに分けた
うちの1つ分
$\dfrac{1}{4}$

20%
=
5つに分けた
うちの1つ分
$\dfrac{1}{5}$

> **POINT** ある特定の掛け算は、割り算に変換しても計算できる

では、計算してみましょう。

例1) $160 \times 0.2 =$

160×0.2
$= 160 \div 5$
$= 32$

160×0.2を普通に計算しても構いません。でも、その計算方法だけだと、計算を意味で解釈する力に欠けます。

ぜひ今回の計算練習では、自動的に変換するのではなく、計算を言葉にして口で喋ってみてください。

数字が苦手な方は、言語化せずに「25%がきたら4で割る！」と暗記したことを、そのまま自動的に変換してしまっている癖があり、それ自体

は悪いことではないのですが、意味がわからないまま計算しているケースも少なくありません。**計算の意味がわからないと、トンチンカンな答えを出しても気づかないという事態を招いてしまうことにもつながります。**

え～っと…
160の20%を求めることは
20%は $\frac{1}{5}$ のことだから
5つに分けたときの量と一緒か！！
つまり160÷5と一緒だ！！

ということは、答えは160よりも小さくなるよね！

2-7　練習問題

（1）0.25 × 12 = ？

（2）36 × 0.25 = ？

（3）0.5 × 56 = ？

（4）0.2 × 75 = ？

（5）16 × 0.25 = ？

（6）0.5 × 23 = ？

（7）44 × 0.2 = ？

（8）0.25 × 60 = ？

（9）89 × 0.5 = ？

（10）0.2 × 100 = ？

（11）320 × 0.25 = ？

（12）0.5 × 540 = ？

（13）850 × 0.2 = ？

（14）0.25 × 460 = ？

（15）560 × 0.5 = ？

（16）0.2 × 380 = ？

（17）100 × 0.25 = ？

（18）0.5 × 210 = ？

（19）530 × 0.2 = ？

（20）0.25 × 8400 = ？

2-8 小数の掛け算

小数の掛け算について、学校で習ったやり方を覚えていますか? 桁を考えずに掛け算をしてから小数点の場所を動かす、というのが教わった王道のやり方でした。

しかし、これは暗算で行なうのは難しい計算法になります。紙が手元にあるなら、小数点の移動個数を数えられますが、頭の中だけで数えていくのは至難の業です。

ですが、これも意味で計算すれば難しくはありません。

> **POINT** 意味で計算すると小数点を動かす量は数えなくてよい

具体的な問題で考えていきましょう。

例1) $3 \times 0.8 =$

この問題をどうやって意味で解釈していくか。いくつか方法があります。まずは左から右に向けて解釈していきましょう。

 3×0.8　3が0.8個(80%分)ある

$3 \times 0.8 = 2.4$

「0.8を掛けるとは、3 がちょっと小さくなる」

という意味で解釈できますね。**0.8を掛けることは、80%分を求めることであり、80%分とは、20%欠けた量のことです。**

右から左に向けて解釈するのであれば

$$3 \times 0.8 \qquad \text{0.8(80%)が3個ある}$$

つまり、

$0.8 \times 3 = 2.4$

80%が 3 個あるので、240%。だから、2.4 と解釈できそうです。どうでしょう?

この計算方法は「何を言っているの?」と思う方も少なくありません。なぜなら人によっては全く馴染みがない計算方法だからです。しかし、暗算に持ち込むためには、頭の中でいかにイメージを膨らませながら計算するかが大事です。数字を一種の記号として計算するのではなく、数字が持つ意味だったり、計算の持つ意味を思い浮かべることがポイントです。

例2 $1.9 \times 0.04 =$

さて、左から右に意味を考えていけば、1.9 が 4 %分となっています。4 %分を意味で解釈しようとすると、結構悩む方も多いのではないでしょうか。一応意味で解釈できないことはないのですが、4 %は、5 %弱（5 %よりもちょっと小さい）と解釈すると、10%分の半分くらいと解釈できます。

よって、1.9を1桁小さくなるようにずらして0.19となり（×10％をした）、そこから半分となるので、0.1とか、0.09とかそんな感じ？ でしょうか。

　今回は、5％ではなく、4％を掛けていますからそれよりも若干小さい数としてイメージいただくと大きな計算間違いをしないと思います。

　つまり、まとめると、**4％は、「1桁ずらした半分よりも小さい数」になるということです。**

　まずはざっくりと答えを導きましたのでここから微調整をしていきます。小数点を除いて計算してみれば、

　　　$19 × 4 = 76$

となり、今回は、0.09よりも若干小さい数が答えだとわかっていますから、

　・7.6
　・0.76
　・0.076

と選択肢がある中でどれが一番答えに近いかといえば、0.076です。他の数は明らかに0.09と比べて数が大きすぎます。簡単に答えが出ましたね。

　他にも右から左に向かって意味を考えてみると、0.04×1.9となります。つまり、0.04は4％で、1.9はおおよそ2のことですから、4％が2個になります。これならどうでしょう。簡単に8％と計算できますね。

　「いやいや、8％じゃないでしょ！」

と思うかもしれませんが、思い出してください。おおよそ合っていればまずは概算の合格ラインです。ぜひざっくり計算することの素晴らしさを体感いただければと思います。

　もちろん、最終調整をするためには、19×4＝76としてから最後に桁調整をすることが大事になってきます。先ほどと一緒で、8％に一番近い桁になるのは、7.6％です（76の桁をずらしていき、8％に一番近くなる

ところで止めてください。76？ 7.6？ 0.76？ 0.076？ ということで、
0.076（7.6％）です）。

答えをざっくり出してから
頭の数を出して、
そのあと小数点を適当に動かす！
聞いたことがない計算だ…。

例3 ） $$3 \times 0.17 =$$

これは、0.17→0.2と解釈をすればおおよそ20％分弱(20％よりも
ちょっと小さい)ですから、3の20％分と考えてみると、

3×0.17（＝0.2くらい）＝ 3 ÷ 5 （くらい）＝0.6 （くらい）

と解釈できそうです。

また、逆に解釈をすれば17％が3個分とも解釈できます。こっちの方
が簡単そうです。よって、この計算なら0.51（51％）と、すぐに答えを導
き出せるでしょう。

どちら側から考えた方がより意味で解釈しやすいのか、というのは一種
慣れに近いところがあります。ぜひ練習をしてみてください。

（1）6 × 0.4 ＝ ?

（2）0.9 × 9 ＝ ?

（3）23 × 0.1 ＝ ?

（4）0.6 × 0.5 ＝ ?

（5）80 × 0.2 ＝ ?

（6）0.49 × 8 ＝ ?

（7）3 × 0.25 ＝ ?

（8）0.83 × 6 ＝ ?

（9）75 × 0.3 ＝ ?

（10）0.4 × 85 ＝ ?

（11）9 × 0.01 ＝ ?

（12）0.5 × 3 ＝ ?

（13）40 × 0.08 ＝ ?

（14）0.65 × 2 ＝ ?

（15）9 × 0.03 ＝ ?

（16）0.3 × 7.1 ＝ ?

（17）5.6 × 0.02 ＝ ?

（18）0.9 × 0.45 ＝ ?

（19）3.7 × 0.01 ＝ ?

（20）0.9 × 0.09 ＝ ?

2桁 ÷ 1桁の計算

　割り算を頭の中だけでやろうとするとなかなか大変、というイメージを
お持ちの方は多いのではないでしょうか。割り算を暗算でやるためには、
答えの最初の数字を出したあと、頭の中に余りの数字を置いてその数に対
しての割り算をやっていく必要があります。

> **POINT** ▷ 余りの割り算を練習すれば、割り算も暗
> 算でできるようになる

例1 ）　　　　　$26 \div 7 =$

いきなり暗算ではなく、まずは筆算で書いてみましょう。

```
        3.71…
   7 )  26
        21
        ────
        50
        49
        ────
        10
         7
        ────
         3
```

実はこの筆算をじっと眺めていただくとわかりますが、1桁の割り算（掛け算をしてから引き算）をしてから、余りを出して、ということを繰り返しています。

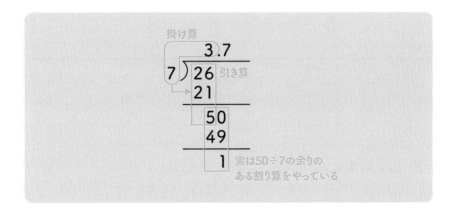

　つまり、**余りがある割り算の練習を行なえば、あとはその繰り返しで割り算も頭の中だけで解けるようになるわけです。**そして、その割り算は、掛け算と引き算の組み合わせです。

　26 ÷ 7 は、26の中に7が何個入っているか？と解釈できますので、7が3個分です（7 × 3 ＝ 21）。そこから余りが5あることがわかります。図で考えてみるとわかりやすいですね。

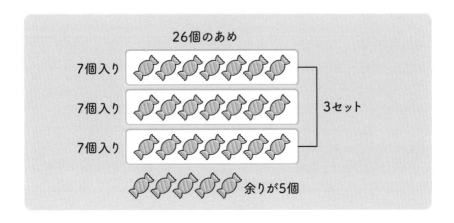

イメージはわきましたでしょうか。余りがある割り算、練習をしていきましょう。筆算ではなく、頭の中だけで解けるようにやってみてください。

2-9　練習問題

（1）14÷4＝

（2）47÷6＝

（3）71÷9＝

（4）45÷8＝

（5）20÷7＝

（6）11÷5＝

（7）48÷9＝

（8）60÷8＝

（9）51÷6＝

（10）19÷3＝

（11）66÷8＝

（12）39÷7＝

（13）41÷6＝

（14）78÷9＝

（15）12÷5＝

（16）27÷4＝

（17）15÷7＝

（18）62÷8＝

（19）18÷4＝

（20）37÷6＝

（21）22÷7＝

（22）39÷5＝

（23）21÷6＝

（24）70÷9＝

2-10 約分

約分は、分数において分子分母を軽くする仕組みです。例えば、ピザをイメージするとわかりやすいでしょう。2人で1枚のピザを分けるなら、半分に切ればすみます。ただ、ピザにはもともとの切れ目が入っていることもあり、図のように8枚切りを4枚ずつに分けることもできます。

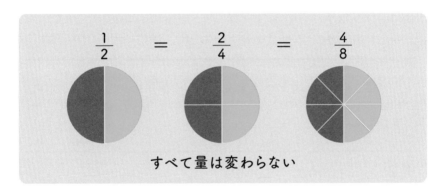

$$\frac{1}{2} = \frac{2}{4} = \frac{4}{8}$$

すべて量は変わらない

$$\frac{1}{2} = \frac{2}{4} = \frac{4}{8}$$

となるわけです。

同じ量を表現するなら、分子分母はそれぞれ小さい値の方がよいし、分母は1に近づけようとするのが理想です。

また、分子分母をなるべく整数値(1、2、3、4、5…)にしていきましょう。小数の入った分数は直感的にもわかりづらいからです。

約分の計算の仕組みとしては、2つあります。

・分子分母に同じ数を掛けてもよい

・分子分母を同じ数で割ってもよい

というものです。先ほどの式でいえば、

$$\frac{4}{8} = \frac{1 \times 4}{2 \times 4} = \frac{1 \times 4}{2 \times 4} = \frac{1}{2}$$

実際に見ていきましょう。

POINT ▶ 分子分母はなるべく整数に、小さい値にする

例1 ） $\dfrac{42}{12} = \dfrac{2 \times 3 \times 7}{2 \times 2 \times 3} = \dfrac{7}{2} = 3.5$

$\dfrac{7}{2}$ という形で終わりでも大丈夫です。分子分母がだいぶ小さい数に

なりましたね。

例2 ） $\dfrac{10000}{100} = \dfrac{10000}{100} = 100$

分子分母を100で割っています。つまり、**0 の個数を分子分母で同じ個数分、消してもよい**ということを意味しています。この約分を応用すれば、大きい数の割り算もグッと簡単になります。

例3 ） $\dfrac{0.08}{0.001} = \dfrac{0.08 \times 1000}{1} = 80$

分子分母に1000を掛けて、分母を1にしています。また、上記で学ん

だ通り、**分子分母の 0 の個数を増やしても減らしてもよい、ということは、**
分子分母の小数点も同じ個数分移動させてよい、ということになります。
この問題の場合は右に 3 つ動かしています。

2-10　練習問題

（1）$\dfrac{2}{6}$ = ？

（2）$\dfrac{8}{24}$ = ？

（3）$\dfrac{15}{25}$ = ？

（4）$\dfrac{21}{27}$ = ？

（5）$\dfrac{14}{49}$ = ？

（6）$\dfrac{16}{64}$ = ？

（7）$\dfrac{24}{600}$ = ？

（8）$\dfrac{300}{75}$ = ？

（9）$\dfrac{27}{81}$ = ？

（10）$\dfrac{32}{960}$ = ？

（11）$\dfrac{100}{10000}$ = ？

（12）$\dfrac{10000}{1000}$ = ？

（13）$\dfrac{5000}{25000}$ = ？

（14）$\dfrac{12000}{24000}$ = ？

（15）$\dfrac{75000}{300}$ = ？

（16）$\dfrac{0.5}{2}$ = ？

（17）$\dfrac{1.5}{0.3}$ = ？

（18）$\dfrac{2.5}{0.05}$ = ？

（19）$\dfrac{0.04}{0.001}$ = ？

（20）$\dfrac{24}{0.48}$ = ？

2-11 | 0.2、0.25、0.5 の割り算

「10÷0.5」っていくつになると思いますか？

0.5で割る。ちょっとわかりづらいかもしれませんが、先ほど約分の考え方で学んだように、分子分母を 2 倍するという発想で考えてみましょう。なぜ 2 倍するかといえば、分母の0.5が、2 倍すると 1 になるからです。

分数というのは分母をなるべく 1 にしたい、というモチベーションを持っています。できる限り分母を 1 にしましょう。そうすると、このような計算も同様に考えることができます。

$$1 \div 0.25 = \frac{1}{0.25} = \frac{1 \times 4}{0.25 \times 4} = \frac{4}{1} = 4$$

$$1 \div 0.2 = \frac{1}{0.2} = \frac{1 \times 5}{0.2 \times 5} = \frac{5}{1} = 5$$

よって、

÷0.5　⇒　×2

÷0.25　⇒　×4

÷0.2　⇒　×5

という感じで、ある特定の小数の割り算は掛け算にして考えることもできます。「分母をなるべく 1 にしたい」という分数の考え方を押さえておくと、次の練習も楽になります（というか、この考え方を押さえておかないと小数を用いた割り算の意味付けが難しくなります）。

ちなみに、こういった割り算は「分子は分母何個分？」という考え方で

102

計算することもできます。

> **POINT** 分数は分母を1にしたら答えが出る

例1） $5 \div 0.25 =$

$$\frac{5}{0.25} = \frac{5 \times 4}{0.25 \times 4} = 20$$

0.25は4倍にすると1になるので、分子分母を4倍にして答えを出します。

ほかにも、分数の意味として、「5の中に25％が何個入っているか？」という考え方もあり、1の中には25％が4個あることから、この場合は5×4＝20として答えを出すことができます。

 割り算の3つの意味

1. 分ける

例：8 ÷ 4 = 2

（8個のあめを4人で分けると、2個ずつ！）

2. 分子は、分母何個分か？

例：6万円÷0.5万円

（0.5万円の商品を売って、売上高6万円。何個販売した？

⇒ 6万円の中で0.5万円って何個分？）

3. 分子は、分母を1とするとどのくらいの量か？

例：40（km）÷ 2（時間）＝ 20（km/h）

（2時間で40kmを進んだ。ということは1時間あたり2km。よって時速20キロ！

⇒　分母1のとき、つまり1時間あたりに進む距離(時速)は？）

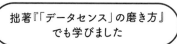 拙著『「データセンス」の磨き方』でも学びました

2-11　練習問題

（1）1 ÷ 0.2 ＝ ?

（2）1 ÷ 0.5 ＝ ?

（3）1 ÷ 0.25 ＝ ?

（4）1.5 ÷ 0.5 ＝ ?

（5）4 ÷ 0.2 ＝ ?

（6）25 ÷ 0.25 ＝ ?

（7）20 ÷ 0.5 ＝ ?

（8）0.6 ÷ 0.2 ＝ ?

（9）2 ÷ 0.25 ＝ ?

（10）45 ÷ 0.25 ＝ ?

（11）3 ÷ 0.5 ＝ ?

（12）8 ÷ 0.2 ＝ ?

（13）150 ÷ 0.25 ＝ ?

（14）200 ÷ 0.2 ＝ ?

（15）1100 ÷ 0.5 ＝ ?

（16）0.05 ÷ 0.25 ＝ ?

（17）0.03 ÷ 0.2 ＝ ?

（18）0.75 ÷ 0.25 ＝ ?

（19）10000 ÷ 0.5 ＝ ?

（20）35 ÷ 0.5 ＝ ?

2-12 小数の割り算

小数の割り算について見ていきましょう。難易度が上がりますが、これができるようになると、見える世界が変わります。

ポイントは、**約分を思う存分駆使しながらわかりやすい数に変換すること。意味を理解しながら行なうことが大切です。**このイメージ図を眺めてみましょう。

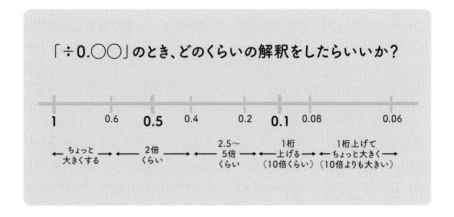

「÷0.○○」のとき、どのくらいの解釈をしたらいいか？

| 1 | 0.6 | 0.5 | 0.4 | 0.2 | 0.1 | 0.08 | 0.06 |

| ← ちょっと大きくする → | ← 2倍くらい → | ← 2.5〜5倍くらい → | ← 1桁上げる（10倍くらい） → | ← 1桁上げてちょっと大きく（10倍よりも大きい） → |

例えば、「÷0.8」をするときは、分母に0.8がくるのでこれを1にするために、ちょっとだけ大きくするイメージを持って計算します（前節で学んだ通り、分母1のときの分子の量を求めるのが割り算でしたね！）。

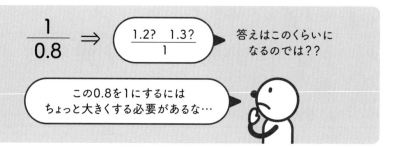

いかがでしょうか。分母を0.8→1にするにはちょっとだけ大きくしていますね。この感覚で分子もちょっとだけ大きくしているのです（正確には、分母を1.25倍にすると、1になるので、分子も1.25倍にすればよいということです。これを"ちょっと大きくする"と表現しています）。

「÷0.5」なら2倍にしたらよいですね。$\dfrac{1}{0.5}$ において分子分母を2倍ずつにします。

「÷0.4」なら1にするためには、2倍とちょっとだけ大きくしたらよさそうです（正確には、2.5倍ですが、2倍とちょっとという感覚で計算してもよいでしょう）。

「÷0.3」なら3倍くらい。

「÷0.2」なら5倍くらい

「÷0.1」なら10倍すると1になりますから、10倍くらいになるわけです。

「÷0.08」なら、「÷0.1÷0.8」と同じ意味になるので、10倍してからちょっと大きくするような形で、組み合わせで割り算することもできます。

> 例1) **9 ÷ 0.45 =**

まず、根本的に、÷0.45をしているということは、だいたい÷0.5をしていますから、おおよそ2倍にしているということです。ざっくりこんなイメージです。

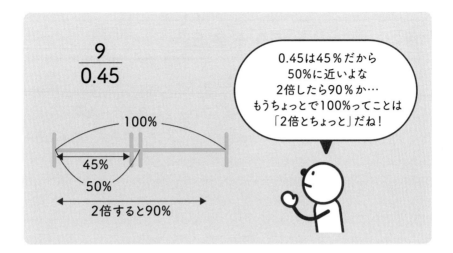

　9 × 2 ＝ 18くらいになるイメージです。そこから正確に計算します。
このとき、**小数点は考えなくて大丈夫です。割りやすいように適当に0
を付け加えてみましょう。なぜなら、既に答えは18くらいになることが
わかっていますから、桁の調整はあとでやればよいのです**（通常の割り算
では0は勝手に増やしたりしてはいけません）。

$$\frac{90}{45} = 2$$

とうまく約分できますね。あとは、0を適当に加えて18くらいになるよ
うに調整しましょう。

　考えるのは、3択くらいでしょうか。

　　200

　　20

　　2

　どれが一番18に近いでしょうか？　20ですね。

　まずは、おおよその計算をしてから、頭の数を計算後、おおよそ計算し
た桁に近づける。この流れで計算してみましょう。

例2) $95 \div 2.5 =$

　いろいろなやり方があります。2.5で割ることにイメージがわきづらいかもしれませんが、95⇒90に変えて(ざっくり計算するため適当にキリのよい数に変えましょう)、2.5に近い数、 2 と 3 でそれぞれ割ってみましょう。

　　$90 \div 2 = 45$

　　$90 \div 3 = 30$

　つまり、2.5で割ると、30 〜 45の間に答えがありそうな感じです。このように、ざっくりと答えを出すことに集中してみると、だいたいの答えが出ます。

　正確に答えを出すには、やはり約分を活用しましょう。それぞれ 5 で割るとよいでしょう。

　　$95 \div 2.5 = \dfrac{95 \times 2}{2.5 \times 2} = \dfrac{190}{5} = 38$

　これは、だいたいで出した30 〜 45の間と合っていますね。

　いかがでしょう。新たな計算の世界が垣間見えてきたのではないでしょうか。

「約分」と「分母を1にする」
これを駆使すると
こんなに小数の割り算が
やりやすくなるとは…

（1） $64 \div 0.2 = ?$

（2） $3 \div 0.6 = ?$

（3） $8.1 \div 0.3 = ?$

（4） $5 \div 2.5 = ?$

（5） $15 \div 0.5 = ?$

（6） $0.09 \div 0.3 = ?$

（7） $30 \div 0.4 = ?$

（8） $36 \div 1.2 = ?$

（9） $0.48 \div 0.6 = ?$

（10） $0.031 \div 0.05 = ?$

（11） $9 \div 0.45 = ?$

（12） $0.64 \div 4 = ?$

（13） $96 \div 0.3 = ?$

（14） $0.76 \div 3.8 = ?$

（15） $1.9 \div 95 = ?$

（16） $95 \div 2.5 = ?$

（17） $0.49 \div 0.7 = ?$

（18） $0.008 \div 0.1 = ?$

（19） $0.3 \div 0.06 = ?$

（20） $0.36 \div 0.4 = ?$

2-13 パートナーナンバーの基本計算

　パートナーナンバー（7ページと112ページに掲載)とは、掛け算と割り算を変換するための、対応する数のことです。例えば「25％」のパートナーナンバーは「4」となります。

　　×25％　⇔　÷4

となるわけです。

　　1 × 25％ ＝ 1 ÷ 4

のように計算できますね。25％と4は、パートナーナンバーのペアとして考えることができます。25％のパートナーナンバーは4であり、4のパートナーナンバーは25％です。

　数学的には逆数の関係となっています。25％なら、分子分母を逆転させて、$\dfrac{1}{0.25} = 4$　となって、パートナーナンバーをつくれるわけです。

　分数ではなく、小数として表現したり、若干の誤差を許容して、計算しやすい数にすべて変換してしまいます。

　実際に見てみましょう。

> **POINT** よく見るパートナーナンバーは覚えよう！

| 例1) | $6 \times 17\%$ |

6の17%分を考えるので、17%分は、「÷6」と一致します（17%のパートナーナンバーは6）なので、

$6 \div 6 = 1$

実際の答えは、1.02ですが、ほとんど一致しています。**このようにパートナーナンバーを駆使すれば、2桁の掛け算は1桁の割り算に、2桁の割り算は1桁の掛け算にすることも可能です**（すべてではありませんが）。

難しい掛け算は割り算に、難しい割り算は掛け算に直していく方法を身につけると、計算の世界が一変します。

パートナーナンバーを覚えるために一定の努力は必要になりますが、特定の掛け算や割り算は日常においてもビジネスにおいても何度も出てきますので、覚えておくことをおすすめします。

| 例2) | 月間170時間の勤務時間で月30万円のお給料のとき、時給にするといくら？ |

次ページの表から計算してみます。

$30万 \div 170時間 = 30万 \times 0.6\% = 1800円$

若干の誤差を許せば、こんなにシンプルに計算することができます（正確には、$30万 \div 170 = 1765円$ となります）。

| 例3) | 1ドル120円のとき、100万円は何ドル？ |

為替の計算で見てみましょう。1ドル120円のとき、100万円をドルに両替するためには、$100万 \div 120円$ となりますが、この12で割るのが

パートナーナンバー（しつこく載せます）

※「×50%」と「×0.5」は同じことですが、
　わかりやすくお伝えするために併記しています。

÷2	⇔	×50%	×0.5
÷3	⇔	×33%（33.3%）	×0.33（0.333）
÷4	⇔	×25%	×0.25
÷5	⇔	×20%	×0.2
÷6	⇔	×17%（16.7%）	×0.17（0.167）
÷7	⇔	×14%（14.3%）	×0.14（0.143）
÷8	⇔	×12.5%	×0.125
÷9	⇔	×11%（11.1%）	×0.11（0.111）
÷10	⇔	×10%	×0.1
÷11	⇔	×9%（9.1%）	×0.09（0.091）
÷12	⇔	×8.3%	×0.083
÷13	⇔	×7.7%	×0.077
÷14	⇔	×7%（7.1%）	×0.07（0.071）
÷15	⇔	×6.7%	×0.067
÷16	⇔	×6.3%	×0.063
÷17	⇔	×6%（5.9%）	×0.06（0.059）
÷18	⇔	×5.6%	×0.056
÷19	⇔	×5.3%	×0.053
÷20	⇔	×5.0%	×0.05
÷25	⇔	×4.0%	×0.04
÷30	⇔	×3.3%	×0.033
÷33	⇔	×3.0%	×0.03
÷40	⇔	×2.5%	×0.025
÷50	⇔	×2.0%	×0.02

難しい。そんなとき、1 ÷ 12 ＝ 8.3％であることがわかれば、1 ÷ 1.2 ＝ 83％だとわかります。

　よって、100万 ÷ 100 ÷ 1.2 ＝ 1万 ÷ 1.2 ＝ 1万 × 0.83 ＝ 8300ドルと簡単に計算できます。

　こういった為替の計算を仕事でよくされる方はすぐにでも活用できると思います。

　この表をじっと眺めていただくといろいろと面白いことがわかります。

　例えば、

　÷ A　⇒　×　B％

となっていますが

1．A × B ＝ 100　となります。
2．B と A を入れ替えて、÷ B　⇒　A％　でも成り立ちます。

　例えば、「÷ 2 ⇒ × 50％」に注目しましょう。

2 × 50 ＝ 100となりますし、「÷ 50 ⇒ × 2」も確認できます。

　よく使うものについてはぜひ覚えていただき、活用してください。

ぜんぶ覚えるのは大変だなぁ…でも、

8.3％ ↔ 1 ÷ 12
5％ ↔ 1 ÷ 20

この2つだけは覚えたよ
1 ÷ 13 〜 19は
8.3％ 〜 5％にくるってことだね！
これならいけそう！

（1） 1 ÷ 5 ＝ ?

（2） 1 ÷ 2 ＝ ?

（3） 1 ÷ 15 ＝ ?

（4） 1 ÷ 7 ＝ ?

（5） 1 ÷ 10 ＝ ?

（6） 1 ÷ 50 ＝ ?

（7） 1 ÷ 40 ＝ ?

（8） 1 ÷ 12 ＝ ?

（9） 1 ÷ 3 ＝ ?

（10） 1 ÷ 14 ＝ ?

（11） 1 ÷ 6 ＝ ?

（12） 1 ÷ 25 ＝ ?

（13） 1 ÷ 11 ＝ ?

（14） 1 ÷ 4 ＝ ?

（15） 1 ÷ 8 ＝ ?

（16） 1 ÷ 20 ＝ ?

（17） 1 ÷ 9 ＝ ?

（18） 1 ÷ 33 ＝ ?

（19） 1 ÷ 13 ＝ ?

（20） 1 ÷ 30 ＝ ?

2-14 パートナーナンバーの逆計算

例えば、こんな問題、解けますか？

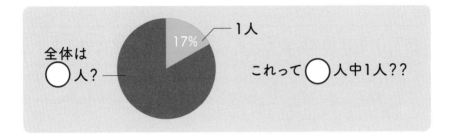

全体は
◯人？ ―

17%

―1人

これって◯人中1人??

円グラフで、17％分を示しています。これは何人中1人なのでしょうか？

◯％は割合としてわかるだけでなく、何人中1人なのかがわかると、よりその割合に実感が持てるでしょう。

17％は、100％の中での、という意味なので、$\frac{17}{100}$ の分子を1にすれば求められそうです。これはパッと出す方法があります。それはパートナーナンバーを覚えてそのまま出すという方法です。

÷6 ⇒ ×17％が該当しますので、17％分は、1÷6であり、6人中1人であることがわかります。

こうした数字の感覚を持っていると、円グラフの読み取りなどもしやすくなりますし、勝率なんかも分析しやすくなります。

例えば、勝率80％と、83％では大した違いに見えないかもしれませんが、全く違います。それぞれ負ける率が20％、17％となりますので、

$\dfrac{1}{5}$ と $\dfrac{1}{6}$ ですから、5回戦って1回しか負けないのが勝率80%、6回戦って1回しか負けないのが勝率83%です。いかに勝率を80%から83%に上げるのが難しいか、理解いただけるのではないでしょうか。

2 — 14 ｜ パートナーナンバーの逆計算

> **POINT** ▶ 「％」⇒何人中1人を即答し、割合の意味を感じてみよう

例1 ） 全体の4％にあたる1人が反対。全体は何人？

4％のパートナーナンバーは25です。よって、「4％分」は、「1 ÷ 25」を意味しますから、25人中1人になります。

4% 1人
賛成24人　反対1人
全体は（　）人？
25人中たった1人か！！
多勢に無勢とはこのことだ！

それぞれ□に当てはまる数を求めてみましょう。

(1) $9\% \fallingdotseq 1 \div \square$

(2) $25\% \fallingdotseq 1 \div \square$

(3) $3.0\% \fallingdotseq 1 \div \square$

(4) $33\% \fallingdotseq 1 \div \square$

(5) $8.3\% \fallingdotseq 1 \div \square$

(6) $11\% \fallingdotseq 1 \div \square$

(7) $2.5\% \fallingdotseq 1 \div \square$

(8) $14\% \fallingdotseq 1 \div \square$

(9) $50\% \fallingdotseq 1 \div \square$

(10) $7\% \fallingdotseq 1 \div \square$

(11) $20\% \fallingdotseq 1 \div \square$

(12) $6.7\% \fallingdotseq 1 \div \square$

(13) $10\% \fallingdotseq 1 \div \square$

(14) $12.5\% \fallingdotseq 1 \div \square$

(15) $6\% \fallingdotseq 1 \div \square$

(16) $5.0\% \fallingdotseq 1 \div \square$

(17) $4.0\% \fallingdotseq 1 \div \square$

(18) $2\% \fallingdotseq 1 \div \square$

(19) $3.3\% \fallingdotseq 1 \div \square$

(20) $17\% \fallingdotseq 1 \div \square$

2-15 桁をずらした パートナーナンバー の計算

　パートナーナンバーを使った計算ができるようになると、あらゆる計算が楽になっていきます。例えば、こんな問題はどうでしょう。

　　10÷1.7＝？

　1.7で割る？　とても面倒な感じがするかもしれませんが、ざっくり言えば2で割っているので、5くらいになります。しかし、ざっくりすぎます。もう少し正確に出したいときは、パートナーナンバーを活用しましょう。

　　÷17　⇒　×6％

ですから、桁をずらすと、÷1.7　⇒　×60％　であることがわかります。**片側の数字を1桁小さくしたとき、そのパートナーナンバーを1桁増やします。**

　前の計算でも見た通り、桁は最初はどうでもよいのです。あとで調整がききます。頭の数の計算をしっかりさせることこそ、パートナーナンバーを用いた計算の醍醐味となります。

　頭の数の計算のあと、桁の調整をします。おおよその計算で出した5に桁を近づけます。

　つまり、10×60％ ⇒ 60？　6？　0.6？

　どれが一番5に近いかといえば、6ですね。ということで答えは6です。この計算の方が間違えにくいです。

　5章で、原価率と粗利率についての計算をしますが、こういった計算で大いに役立ちます。

（1） $1 \div 0.9 = ?$

（2） $1 \div 0.5 = ?$

（3） $1 \div 0.7 = ?$

（4） $1 \div 0.4 = ?$

（5） $1 \div 0.6 = ?$

（6） $1 \div 0.1 = ?$

（7） $1 \div 0.8 = ?$

（8） $1 \div 0.3 = ?$

（9） $1 \div 0.2 = ?$

（10） $1 \div 1.1 = ?$

（11） $1 \div 1.4 = ?$

（12） $1 \div 1.7 = ?$

（13） $1 \div 0.025 = ?$

（14） $1 \div 3.3 = ?$

（15） $1 \div 0.06 = ?$

（16） $1 \div 12.5 = ?$

（17） $1 \div 0.02 = ?$

（18） $1 \div 0.05 = ?$

（19） $1 \div 70 = ?$

（20） $1 \div 900 = ?$

2-16 パートナーナンバーの補数を利用した計算

「5 人で作業していた仕事を 6 人で作業するようにしました。1 人あたりの仕事量はそれまでの何％くらいになるでしょうか」

さて、どうやって解きますか？　これはパートナーナンバーで解けます。

1 人あたりの仕事量 × 仕事の人数 ＝ 全体の仕事量

となりますから、このとき全体の仕事量は変化せず（つまり 1 のままにして）、仕事の人数が $\dfrac{6}{5}$ 倍になりますから（5 人が 6 人に増えたので）、1 人あたりの仕事量はいくつにならなければいけないのか。それは逆数が正解となります。つまり、

1 人あたりの仕事量 $\times \dfrac{6}{5} = 1$

となるので、

1 人あたりの仕事量 $= \dfrac{5}{6}$

となります。$\dfrac{5}{6}$ とは？　と思うかもしれませんが、その補数は、

$\dfrac{1}{6}$ であることから、

$$\frac{5}{6} = 1 - \frac{1}{6}$$

と表せます。

ここでパートナーナンバーを利用し、$\dfrac{1}{6}$ を表すと、17％なので

$1 - 17\% = 83\%$

と答えを出すことができます。1人あたりの仕事が減った分が17%（$\dfrac{1}{6}$）で、83%（$\dfrac{5}{6}$）の仕事量になったわけです。

このような考え方は応用ができ、速さ・時間・距離の問題も同様に解くことができます。

例1 ） $\dfrac{8}{9}$ は何パーセント？

$\dfrac{1}{9}$ が11%であることから、その補数の $\dfrac{8}{9}$ は、89%。

例2 ） 同じ距離を進むとして速さが30％落ちたときに、時間がどのくらいになる？

速さ × 時間 ＝ 距離

この公式を用います（165ページ参照）。まず、距離は変わらないものとして1とします。速さが30％落ちたということは、現在の速さは0.7倍になっているので、

0.7 × 時間 ＝ 1

よって、0.7のパートナーナンバーである1.4が答えになるわけです。つまり、時間は40％ほど延びます。

パートナーナンバーを覚えてそれをどのように使うか、意識して練習することでだんだんと身についてきます。

ちなみに、A×B＝Cという構造を持つものであれば、この計算がすべて応用できます。

それぞれの割合を％で出してみてください。

（1）$\dfrac{5}{6}$

（2）$\dfrac{6}{7}$

（3）$\dfrac{8}{9}$

（4）$\dfrac{11}{12}$

（5）$\dfrac{10}{11}$

（6）$\dfrac{3}{4}$

（7）$\dfrac{49}{50}$

（8）$\dfrac{13}{14}$

（9）$\dfrac{2}{3}$

（10）$\dfrac{24}{25}$

以下の問題を解いてみましょう。

（11）距離が一定のとき、時間を120％にすると、速さは何倍になるでしょうか。

（12）距離が一定のとき、速さが50％ダウンすると、時間は何倍になるでしょうか。

（13）距離が一定のとき、時間が30％ダウンすると、速さは何倍になるでしょうか。

（14）距離が一定のとき、速さを0.7倍にすると、時間は何倍になるでしょうか。

（15）距離が一定のとき、時間を170％にすると、速さは何倍になるでしょうか。

（16）距離が一定のとき、速さが20％ダウンすると、時間は何倍になるでしょうか。

（17）距離が一定のとき、時間が40％延びると、速さは何倍になるでしょうか。

（18）距離が一定のとき、速さを2.5倍にすると、時間は何倍になるでしょうか。

3 章

社会人にとっての「計算」とは?

さて、1章・2章の計算はいかがだったでしょうか。こんな計算方法は知らなかった! と驚かれた方もいらっしゃると思います。

この章では、大人の方に必要な計算の考え方をお伝えしたいと思います。

3-1 計算は間違ってはいけないという嘘

　子どもの時に学んだ常識は、大人になってから変わってしまうことが多くあります。例えば、子どものときに誰しも、

「横断歩道は手を挙げて渡らないといけない」

と教わります。背が低い子どもであれば手を挙げないと車から見えませんから確かに必要ですが、大人で手を挙げる人はまず見かけません。

　同じように、

「家に帰れば当たり前にご飯が出てくる」

という環境は、一人暮らしを始めたときに崩壊します。ご飯は自分で食材を買って作るという新たな作業が発生し、家に帰れば自動的にご飯が食べられるというのが当たり前ではないことを知ります。

　先日、東南アジアに旅行に行ったときには、

「部屋の電気がすべて当たり前につく」

という論理が崩壊しました。現地にしては比較的高級なホテルに泊まったのですが、8個中5個しか電気がつきませんでした。一見すると、どんな条件でも成り立ちそうなその論理は、大人になって視野が広がってくると"条件付き"だったということを学びます。

「どんなときでも、〇〇になる」から、

「〇〇の場合、〇〇になる」という流れへ。

　環境によって、その論理がどこで用いられるか、によって答えが変わってしまうのです。大人になると、そういう白でも黒でもないグレーな領域がどんどん増えていきます。それは計算においても同じです。

　例えば、子どものときに教わった「3 × 4」。その答えは「12」と書か

ないと×になるでしょう。「11」や「13」のように「1」の違いでも×です。

　または、「2.49×4＝10」と答えても×です。正解は9.96です。ほぼ10に近い答えですが、ダメです。ほんの少しの違い、1％も違いませんが、間違いです。

　実は、我々が教育によって植え付けられた大きな問題の一つ、それは「計算は間違ってはいけない」という価値観です。もちろん、計算は間違えてもかまわない、という話ではありません。

　例えば、100mのビルを建てるのに、間違えてある一本の柱を101mにしてしまったら大問題です。そういう意味では、1％は非常に大きな間違いです。

　わずかでも計算が狂えば、人類は月に降り立つことはできませんでしたし、東京スカイツリーのような大きな建造物を建てることもできなかったでしょう。パソコンはうまく動かないですし、アプリも起動しない。安心して通信することもできません。

　ですから、**「計算が間違ってはいけない」ことがおかしいわけではありません。**

　問題は、**「どんな環境でも、計算は絶対に間違ってはいけない」という価値観です。**

　我々が感覚としてとらえる数はもっとざっくりしています。「計算は、シチュエーションによってはある程度間違ってもよい」というのが一つの大事な気づきです。

　スーパーで買い物をするときに、正確に計算しなければレジに並んではいけないというルールはありません。だいたい5000円くらい、1万円くらいなど、財布に入っているお金だけで支払えるという確信さえあれば、それ以上の計算をする必要はありません。あとは、レジを通るときに勝手に計算してもらえます。

　シチュエーション次第で、小さな誤差が問題ない環境であれば、計算は間違ってもいいのです。最初に許容する誤差や金額だけ決めてしまえば、それを許す限り、数字はざっくりでかまわないのです。

3-2 | 10秒ではなく2秒で答えを出す意味

「479円の買い物をして、1000円札を出したとき、いくらのお釣りがくるのか？」

決して難しい計算ではありません。ただ、こうした計算を日常的にしているでしょうか。四則演算は誰しも学んでいるし、2桁×2桁などの筆算も十分な時間をかけて学びました。

しかし、**大人になって、それを実際に活用しているかと言われると、多くの人はNOと答えるのではないでしょうか。**1日1回でも頭の中で計算するでしょうか。それは家計簿をつけているか否かではなく、どのくらい日常の中に計算をとり入れているかどうかです。すべて電卓、エクセルや計算アプリなどに委ねてしまい、普段全く計算していない人もいるでしょう。

それは例えば、日々のお金の計算です。もちろん、残高が0にならなければ生きてはいけるでしょう。だからといって、カードのリボ払いなど、手数料が多くかかってしまうような選択肢はどうでしょう。計算を日常的にしていたら選ばないはずです。リボ払いの年利は15％程度と非常に高く、10万円程度でも年に15000円も手数料を支払うことになります（あくまで単純計算で、返済回数によります）。

せっかく我々は四則演算という素晴らしい道具を持っているのだから、「何かよくわからないけど積み上がった」ものよりは、日々使うお金が四則演算によって積み上がったことが実感できれば、数字に対してもっと敏感になれるのではないか、数字のセンスを磨けるのではないかと感じています。

126

　なぜなら、数字で判断する力を養うことは、数字とどれだけ長い時間触れ合ってきたかによるからです。

　この数字を使いこなすということにおいて、我々は最も重要な視点を忘れてしまっています。それは、計算の「スピード」です。**計算スピードを高めることが重要なのです。**なぜなら、時間がかかるような計算は、考えるストレスにさらされ、計算しなくなってしまうからです。

　本書に出てくる計算は、すべて難しくない計算です。誰しも、よーく考えれば絶対にできます。**しかし、よく考えないとできないようなものは、普段は考えないものです。**

　10秒ではなく、2秒で答えを出す。そのために無意識のうちに計算することができるくらい、計算力を高めてしまおうというのがこの書籍の目指すところです。

　使えるけど、使いこなせないものはたくさんあります。我々の身体もその一つかもしれません。同じ身体をうまく使って、人を投げ飛ばすことができる人もいれば、投げ飛ばされることしかできない人もいます。ほぼ同じ身体、組成割合は水が7割で一緒であるにもかかわらず、"使いこなす"までいくことで、全く違うふるまいを実現することができてしまうのです。

　金槌やドライバーという工具の使い方を教わっても、家を建てられないのと一緒です。各パーツを作る力は重要ですが、家を建てるために必要な知識は金槌やドライバーの使い方という知識とは別にあります。

　数学的な知識は万能の根本をつかさどっています。せっかく素晴らしい道具を持っているのに、「使いこなす」ことをしないために、計算から遠ざかってしまっている現実があるのです。

たしかに、ざっくりでもいいから
素早く答えが出せたら便利だし
計算が楽しくなるかも！

3-3 円周率が3だとダメになる理由

　こんなシチュエーションを想像してみましょう。

　「この服はいくらですか?」

と店員さんに聞いて、「2800円です」と返ってきたとき、わざわざ消費税込か税抜きかを確認していますか? 私は確認していません。

　もちろん、気になる方はいるでしょうが、わざわざ税込かどうかを聞くのは面倒で、億劫なところもあります。聞くのを忘れてしまっていることもあるでしょう。

　つまり、商品そのものの値段は気になるけど、消費税くらいならそれほど気にならない、ということです。もちろん、これが大きな買い物なら別でしょう。車を買う、家を買うともなれば、消費税はときに数十万円から数百万円と大きな金額になります。

　2002年、「円周率が『3』で教えられているのでは?」という題材がニュースになり、大問題になりました(円周率は3.141592……と無限に続く数です。実際には3とは教えていなかったのですが)。

　しかし、なぜ円周率が「3」ではダメなのでしょうか。それは、大きな誤差が発生するからです。**円周率3.14⇒3にしてしまうと、誤差が約4.5%発生します。これが非常に大きいと思われるから、ダメなのです。**

　誤差4.5%となれば、精度の高い計算では致命的になります。誰もが、メールを送ればその宛先の人に届くと信じていますが、約4.5%の確率で違う人に届く、と想像してみましょう。メールで好きな人に告白をしようともなれば、絶対にメールはしたくないですね。22回に1回は違う人にメールが送られてしまいますから……。我々のテクノロジーやシステムに

誤差を導入すると、こういうことが起こります。

　特に**円周率を計算しなければいけない場面では、精密な計算が求められる場合が多く、誤差4.5％は致命的になります。**実はもっといえば、3.14でもダメなのです。円周率は無限に続き、本来、3.1415926535……となる数なのです。

　もし、3.141592……⇒3.14としてしまえば、誤差が約0.05％となります。0.05％の誤差をどう見るかはそれぞれの業種によって変わってきますが、高い精度が求められる作業であれば、当然ダメです。

　例えば、宇宙にロケットを飛ばす際には10桁以上計算に入力しなければならないとも言われています。0.05％を無視できるかどうか…で考えてみると、「0.05％の確率で、つまり2000回乗ったら1回落ちる飛行機」を想像してみたらいかがでしょう？　誰も乗りたがらないはずです（週1回飛行機に乗る人は約40年で1回程度墜落してしまいます。実際のところ、飛行機に乗ったときに死亡事故に遭遇する確率はそれよりもずっと低く、高くとも10万分の1よりも小さいというのが通説です）。

　ごく小さな誤差に見えても、人の命を奪うような大きな事故につながるケースもあるのです。このように許される誤差は環境によって変わります。

　ただ、会議に提出する資料のデータが1％ずれていても、まず誰にも気づかれることはないはずです。家計簿をつけるのに、100回の買い物のうちたった1枚のレシートを貰い忘れたからといって大した問題ではありません。

3-4 狭く深く、から、広く浅い計算へ

　ちゃんと計算をしなければいけないという価値観は様々なところで出てきています。学校の授業でちょっとでも違う答えで「×」になってしまった我々は、間違いに敏感になっています。

　居酒屋での割り勘で、「1人4000円で」と言ったところ、「4000円じゃなくて3890円でしょ？」と、悪気のない正確性を主張する人もいます。正確であるにこしたことはないですが、その正確さが場にそぐわないこともあります。

　計算に対してもっと許容さを広げ、ざっくり計算を認めてあげる心の広さが大切です。3890円が答えなら、3800〜4000円くらいでも答えでいいのではないでしょうか。

　ざっくり計算を自分の中で許してあげれば、様々な計算を日常的に行なうことができるはずです。8900円は約9000円で、時に1万円でも許されます。24800円は約25000円で、ざっくり求めてしまうのです。その計算の手間が少なくなればなるほど、より多くの計算ができます。

　一つの計算に手間がかかればかかるほど、計算をしなくなります。

　例えば、書類に「23,450,990円」と記載されていたとき、「約2300万円」と言えば済みます。おそらくほとんどの場合この数字を最後の桁まで言うということは重要ではありません。大事なのはパッと表すことなのです。

　もちろん、私たちの持つスマートフォンには高性能の計算アプリが内蔵されていますので、その気になればきわめて正確な計算をすることができますが、スマホを取り出し、入力する、そのひと手間が一苦労なのです。

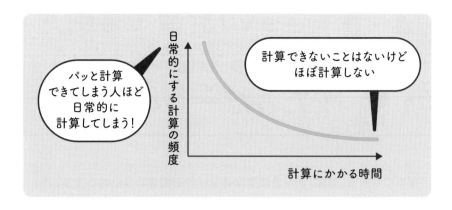

日常生活では、正確な計算よりもざっくりとした計算の方が役立ちます。例えば5年後に100万円貯めたいと思ったとき、電卓で正確に計算する必要はなく、ざっくりと100万円を60カ月で割って、1カ月あたり2万円弱か、と納得すれば、現実的にそれが可能かどうかがわかります。**正確な数字よりも大切なのは、その数自身に実感を持てるかどうかです。**ちなみにパートナーナンバーを把握していれば、100÷60が1.7であることがパッとわかります。

精密な計算を極める方向ではなく、ざっくりさを許したうえで、狭く深い計算から、浅くてもいいから広い計算を駆使することでセンスを磨くことができます。ざっくりとした量がわかれば、数字が非常に楽しいものに変わります。無機質で冷たかった数字が、温かく温度感の伝わるものに変化するのです。

計算の方向性

精密な計算 （子どもの時の教育）	⟷	ざっくりした計算 （大人に必要な教育）

3-5 ざっくり計算でも絶対にやってはいけないたった一つのこと

ざっくり計算（概算）で一番重要なのは、桁を間違わないことです。

ある政治家が国会の場で、東京オリンピックに関連する費用について「1500円」と発言したことを覚えていらっしゃる方もいるでしょう。常識的にあり得ない数字でも、大きな数は間違いやすい面があります。

やってはいけない順

桁まちがい ＞ 細かいまちがい

大きな数は、小学校のときにわずかに学びます。ただ、億と兆の桁についてだけで、それ以上深く学ぶことはありません。

しかし、大きな数の具体的な取り扱い方こそ、我々が学ぶべき非常に重要な単元です。 なぜなら、新聞、テレビニュースでは、大きな数が出てこない日はないからです。そもそもビジネスパーソンの方は、数千万、数億円ものお金を扱うことも少なくありません。さらに数十億、数百億といった大きな金額の扱いになると、大きすぎるがゆえに、理解が追い付かなくなってきます。

数学的には難しいことはありません。「0」が1個ずつ増えるだけですから、数としては同じように扱えばうまくいくはずです。しかし、小数点

以下の取り扱いのように、まるで同じ数とは思えないくらい実感がわかなくなってくるのも現実です。同じ数なのに、違うように感じてしまう！これはまさに大きな数に対する感覚、センスがないからです。

　サッカーの理論だけを知っている人がサッカーをやれと言われても、うまくプレーできません。理論上はわかります。しかし、身体が全くついていかないのです。ボールを蹴ると、全然違う方向に飛んでいく。大きな数についても同じで、理論を学ぶとともに練習が必要です。

　例えば、居酒屋の割り勘でお金を集めるときに「1人4万円ね」と間違えて言う人は少ないでしょう。「1人4000円」の間違いだと誰もが気づきます。同じように、「1人400円ね」と言えば、安すぎてみんなが気づきます。しかし、大きな数だとこれが普通に起こりえるのです。

　100万円なのか、1000万円なのか、あるいは、10億円なのか100億円なのか。数に対してリアリティがない、現実味がないほど、間違いが起こってしまいます。だからこそ、大きな数に対して普段から実感がわくように慣れ親しんでおくことが重要です。

　繰り返しになりますが、**とにかく1桁間違わないことが重要です。1桁間違わなければ致命傷となることは少ないですが、1桁間違えてしまうと大惨事です。**

　あとで検算するのであれば、「0」の個数だけ間違わないように計算確認するのがよいと思います。

請求書
ABC 社御中
100,000,000 円

0を1個付け忘れたら大変なことに…
桁間違いは下手したら
倒産するんだよな

3-6 概算が許される シチュエーション

　計算に誤差を許容すれば、ずっと楽に計算や暗算に取り組むことができます。1桁ズレることは許されないにせよ、誤差が10%程度でも十分許されるケースは多くあります。

　例えば、ざっくり計算が求められるのは以下のような場面です。

- 会議中、商品の値段のシミュレーションをしたいとき。
- 営業の商談中、〇割引になると、いくらくらい？ と聞かれたとき。
- 増税前に買うとどれくらいお得なのか、判断が求められるとき。
- 会議中、数字での会話についていけるかどうか不安なとき。
- データ分析で、明らかに間違いがあるかなど確認をしたいとき。
- 部下の作成した資料の内容が合っているかをパッと検算したいとき。
- 3種類の感度分析を行なったときに利益感をざっくり計算で求めるとき。
- グラフを用いたプレゼンテーションの際に、グラフのデータを深く読み取るとき。
- データに騙されたり、振り回されたりしないために、パッと計算してざっくりした大きさを確かめるとき。
- 儲かる事業か儲からない事業か、そのシミュレーションを数十秒で行ないたいとき。
- ライバル店に入ったときに、お客さんの数とお店の広さ、回転率から売上を予測するとき。

これらの場面はごく一部ではありますが、正確性は求められません。

例えば、最後の事例を取り上げてみましょう。ラーメン店に入ったときに、なんとなくその店舗の売上を予測することはできますが、自分が訪れていない時間帯にどのくらいのお客が来ているのかは実際のところわかりません。何を注文しているかもわかりません。**つまり、正確に計算しようとすればするほど、その手間は非常に膨大なものになっています。**

だからこそ、ある程度の誤差を許容して、ざっくりと区切って計算してしまう。その方がより現実的なのです。

概算のポイントまとめ

概算の練習をするときに気を付けるポイントは以下です。

- 素早く計算できたら一番いいけれど、ゆっくりでもまずは計算してみること
- 計算の訓練は、未来にきちんとつながることを知ること
- ちょっとの誤差や間違いは許してしまうこと
- 計算が難しくなりそうな場合は、四捨五入をうまく駆使して簡単にすること（例えば３桁になる場合は、上から３桁目を四捨五入して２桁にしてしまうと楽に計算できる）
- 桁の間違いや、誤差が３割以上の計算間違いはNGであること
- 計算をできた自分をほめること
- 計算を楽しむこと

一番最後が最も重要です！

　これらを意識して４章、そして、５章の計算練習を積み重ねていきましょう。４章は、日常の様々なシーンをとり上げて計算や概算に挑戦していきます！

4章

日常で使う計算を
マスターしていこう

2章で学んだ基礎的な計算力を、日常生活で
活かすために、よく出会う暗算力が求められる
シチュエーションを想定して概算・暗算を鍛え
ていきましょう！

4-1 お釣りの計算

　ちょっとした買い物。コンビニで398円の商品を買って、1000円札を出したとき、お釣りをいくらもらえるでしょうか。もちろん難しい計算ではないのでちょっと考えればわかるはず。でも、パッと計算するのには少しだけコツがあります。やってみましょう。

$$1000 - 398 = 602$$

となります。

　ここでの計算のポイントは、各桁で9をつくる、というものです(なぜかはのちほど)。まず、百の位から見ていけば、3を9にするために、6を置きます。次の桁である9は元から9なので0、そして、最後の桁だけ繰り上がりを考慮するために、10にするように調整します。つまり、8を10にするために必要な数を考えて、2をつくります。だから、602円です。

　非常にシンプルな計算ですが、**10秒でじっくり計算するのではなく、パッと1秒で計算できるようになるまで練習してみましょう。**1秒で計算できるようになると、1000円札を出した瞬間に思わず計算してしまうはずです。店員さんがレジを打って、「●●円のお釣りです」。そんなセリフを聞く前に思わずパッと答えが出てきてしまうはず。

　ちなみになぜ、9をつくってから、最後は10にするかといえば、

$$1000 - 398 = 999 - 398 + 1$$

と変形してみるとわかるでしょうか? **999-398を計算したあと、1を足してあげているから、最後には10になるように調整するのですね。**

$$999$$
$$-\ 398$$
$$\overline{601}$$

$+1$

$+1$

それぞれの桁で9のセット！
最後に「＋1」をおけばOK

一旦999から
引くって考えたら
9のセットを作るのは
納得！！

POINT → 各桁で9をつくって最後だけ10

例1 ） $10000 - 268 =$

　千の位がない状態ですが、ない、ということは、「0」と考えるとよい
でしょう。つまり、「0268」と考えるのです。0を9にするために「9」
となり、9千円がお釣りで最初にくることがわかります。あとはそれぞ
れの桁で9をつくって最後だけ10になるように調整します。つまり、
9732円となります。

例2 ） $1000 - 470 =$

　最後の桁が0になるような引き算についても考えてみると、最後の桁
を10にする、つまり、最後より1桁前の桁、つまり10の位が10になる
ように調整するとよいでしょう。つまり、それぞれ、

　4 ⇒ 5、7 ⇒ 3（2ではなく3にすること）、0 ⇒ 0　となるので、よっ
て、530円と計算できます。

例3) 5000 − 953 =

5000円のお釣りはどのように計算したらいいのでしょうか。1円を引いた数、4999から引くと考えるとわかりやすいでしょう。

5000 − 953 = 4999 −（0）953 ＋ 1

よって、4047円と計算できます。

このコツに慣れれば、パッと見ただけでお釣りの計算ができるようになります。少しずつ訓練していきましょう。

4-1 練習問題

（1）1000 − 415 = ？

（2）1000 − 283 = ？

（3）1000 − 702 = ？

（4）10000 − 6161 = ？

（5）10000 − 9177 = ？

（6）10000 − 3382 = ？

（7）1000 − 240 = ？

（8）100 − 38 = ？

（9）100 − 53 = ？

（10）1000 − 309 = ？

（11）1000 − 456 = ？

（12）5000 − 25 = ？

（13）1000 − 89 = ？

（14）500 − 405 = ？

（15）1000 − 595 = ？

（16）5000 − 236 = ？

（17）10000 − 1790 = ？

（18）500 − 450 = ？

（19）10000 − 2600 = ？

（20）5000 − 3416 = ？

ポイント還元の計算

クレジットカードやバーコード決済による買い物で貯まるポイントは、いったいいくらつくのでしょうか。実は、1％程度のことが多いです。それがたまに3倍とか、5倍還元キャンペーンで一気に増えることがあります。でも、その額を具体的にいくらか計算している人は多くありません。

例えば、1000円の買い物をすると、1％のポイントだと10円。仮に10倍のポイントがつくとなると100円になります。

ちなみに、0.1％分という非常に小さなポイントならたったの1円です。

このように、10％なら1桁ずらし、1％なら2桁分ずらす。0.1％なら3桁ずらす。この決まりを覚えておくだけで簡単にその金額を計算できます。

> **POINT** 10％分なら1つ、1％分は2つ、0.1％分は3つ分小数点を動かす

例1 ） 1980円で10％だと何ポイントつく？

1980円の10％分ですから、1桁ずらすのが答えとなります。1980円の小数点を1個分、この数が小さくなるように動かしましょう（つまり、小数点を左に1個動かします）。すると、198円となります（割り算で解く形でも構いません。10％分は、$\frac{1}{10}$ に相当しますので、「÷10」と一緒

です)。

イメージ	1980. ⇒　198.0

例1) 4万5000円の0.1％だと何ポイントつく？

　0.1％ということは小数点を3桁分動かす形となります。焦らずに、言葉を発しながら45000円から、桁を1つずつ下げていきましょう。はじめはゆっくりで大丈夫です。

「45000から3つ下げるから、4500、450、45」

　こんな風に口にすればそれほど難しくないはず。一気に3つ下げようとすると混乱します。階段を3段ずつ飛ばして降りるようなもので、足をくじいてしまうように、間違いやすいです。だから1段ずつゆっくり口にしてみましょう(大きい数の割り算を駆使すれば、0.1％分は1000分の1に相当しますので、「÷1000」でも構いません。実は、慣れると「÷1000」の方がずっと楽です)。

（1）1000円の10%は？

（2）3万円の10%は？

（3）5890円の10%は？

（4）290円の10%は？

（5）8500万円の10%は

（6）3900円の1%は？

（7）4000円の0.1%は？

（8）5万円の10%は？

（9）70万の1%は

（10）2500万円の0.1%は？

（11）19800円の10%は？

（12）300円の1%は？

（13）10万円の0.1%は？

（14）1900円の10%は？

（15）6万4000円の1%は？

（16）10万円の0.1%は？

（17）160円の10%は？

（18）1.5万円の1%は？

（19）9800円の0.1%は？

（20）80円の10%は？

4-3 割引額を求める計算

　スーパーでの「割引シール」。貼ってあると思わず買ってしまいそうになりますが、実際のところどのくらいお得なのか……。「半額」シールであればわかりやすいのですが、「割引シール」の場合、定価に対していくらお得なのか、購入する前に計算してみましょう。

　例えば300円の総菜に3割引きのシールが貼ってありました。ということは、今は7割の値段で売っていることになります。

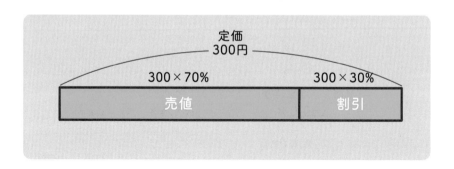

定価
300円

300×70%　　　　　　300×30%

売値　　　　　　割引

　つまり、300×0.7＝210円　で販売価格を出すことができます。もちろん、こちらの方が計算が楽というだけで、300×0.3＝90円　と割引額を出してから、300円－90円＝210円　と算出してもOKです。

　ちなみに半額はもちろん50％（5割引き）ですので $\frac{1}{2}$ 、つまり「÷2」で求めることができます。

　他にも例えば、25％は $\frac{1}{4}$ 、20％は $\frac{1}{5}$ などを覚えておくと便利です。

　25％引きの割引額は、その数の $\frac{1}{4}$ を求めることと一緒ですから、4

で割ると簡単に求めることができます。

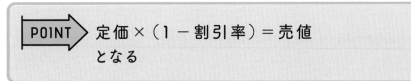

POINT 定価×（1 － 割引率）＝売値
となる

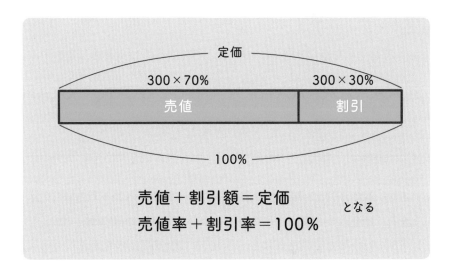

定価

300×70%　　　　　　　300×30%

売値　　　　　　　　　割引

100%

売値＋割引額＝定価
売値率＋割引率＝100％

となる

例1 ）780円の2割引きはいくら？

　割り引かれた金額は、780円×0.2　で求めることができます。よって
156円になります。780円の0.1分は78円なので、それを2倍すれば出
ますね。そして、割引後の金額は、780－156＝624円となります。
　元々2割引かれると、8割の値段になりますので、
　　780円×（1－0.2）＝780円×0.8＝624円
として、いきなり答えを求めることもできます。

例2) 2800円の35%引きはいくら？

2800円の35%分は、2800×0.35で求めることができます。これはこんな風に変形してみましょう（2倍と半分のテクニック、82ページで解説）。

$1400 \times 2 \times 0.35 = 1400 \times 0.7$ と変形すれば、頭の中だけで計算することができます（練習すれば！）。すると、$1400 \times 0.7 = 980$円となります。

よって割り引かれた金額は、$2800 - 980 = 1820$円と計算できます。

4-3 練習問題

（1）2000円の3割引きは？

（2）180円の4割引きは？

（3）980円の2割引きは？

（4）1980円の半額は？

（5）1000円の25％引きは？

（6）250円の3割引きは？

（7）290円の1割引きは？

（8）400円の15％引きは？

（9）900円の35％引きは？

（10）9800円の10％引きは？

（11）4800円の25％引きは？

（12）7500円の40％引きは？

（13）29000円の半額は？

（14）1500円の2割引きは？

（15）5500円の3割引きは？

（16）90000円の10％引きは？

（17）3800円の25％引きは？

（18）4400円の30％引きは？

（19）88万円の25％引きは？

（20）6000円の10％引きは？

4-4 割り勘の計算

飲み会の割り勘。1人あたりの額、素早く計算できますか？

ここでは全員がほぼ同額払うことを前提に考えてみましょう。正確に計算するのではなく、ある程度合っているという額を算出します。

例えば、23815円の会計。4人で食事したら1人いくらになるでしょうか？ まともに計算すると面倒です。細かい桁まですべて出さなくてはいけません。

こんなときはざっくり求めることを許しましょう。**そもそも、皆が知りたいのは、「ざっくりいくらくらい払えばよいのか」ということです。**お酒も入っていることですし、下1桁までピッタリの金額を求められることも少ないでしょう。

仮に3桁目を四捨五入していいのであれば、23815の上から3桁目である8を四捨五入して、24000円とすれば、24000 ÷ 4 = 6000円となります。もちろん、一人6000円集めると、24000 - 23815 = 185（円）となり多少の差額が出てきます。このくらいの差額は幹事がもらってしまう、あるいは、二軒目への足しにするのもいいかもしれません。

現実的な応用としては、年長の人が少し多めに払って調整したり、年少の人は少なめに払うといったことも多いのではないでしょうか。

 ざっくり求めるために上3桁目を四捨五入してから計算する

147

> **例1** 2人で食事をしたら2990円でした。1人いくらでしょうか。

上から3桁目を四捨五入すれば、3000円÷2＝1500円となります。正確に求めるならば、(3000－10)÷2＝1500－5＝1495円と計算することができます。

> **例2** 15人で食事をしたら60140円でした。1人いくらでしょうか。

なかなか難しいように感じるかもしれませんが、60140円を四捨五入して6万円として計算してみましょうか。

いきなり15で割るのは難しいかもしれないので、3で割ってから5で割ってみましょう。いきなり答えを出す必要はありません。

6万円÷3＝2万円　⇒　2万円÷5＝4000円

ということでざっくり4000円が必要だということがわかりました（不足分の140円はどなたかが払いましょう）。

> 6万円を15人で割るのは大変…
> でも、6万÷15＝6万÷3÷5と
> 段階的に割り算したらいけそう

以下の人数と金額なら、一人どのくらい支払えばよいかを
上2桁が大体合っている金額で出してみましょう。

（1）2人で6600円

（2）2人で2980円

（3）3人で9018円

（4）3人で12045円

（5）4人で15812円

（6）4人で9900円

（7）5人で25000円

（8）5人で19870円

（9）6人で20800円

（10）7人で14140円

（11）8人で7249円

（12）10人で8950円

（13）12人で36000円

（14）15人で59789円

（15）20人で88143円

（16）50人で120000円

（17）2人で12810円

（18）2人で5630円

（19）2人で10210円

（20）3人で3300円

（21）3人で5390円

（22）4人で12400円

（23）4人で3950円

（24）5人で41060円

（25）5人で6942円

（26）6人で7183円

（27）7人で20700円

（28）8人で40145円

（29）15人で21126円

（30）50人で195070円

4-5 | 税込・税抜の計算

　身近な税金の中で、最も日常的に支払っているのが、消費税です。ほとんどの商品やサービスに消費税がかかります。

　2019年10月1日より消費税が10％となりましたが、それまでは8％でした。8％と10％とたった2％なので、大した違いはない……と思うかもしれませんが、実は非常に大きな違いです。

　月40万円ほど支出がある世帯でしたら、約8000円の負担増となります。支出の金額が多ければ多いほど大きな金額になっていきます。

　そんな消費税ですが、10％であれば、税抜1000円の商品は、税込金額を計算すると、（1000×1.1＝）1100円になります。税込1100円の商品は、100円が税金です（1000円×10％＝100円）。

　税抜から税込を求めるには、「×1.1」をしましたが、税込から税抜を求めるには「÷1.1」をすれば求められます。掛け算の逆は、割り算ですから。

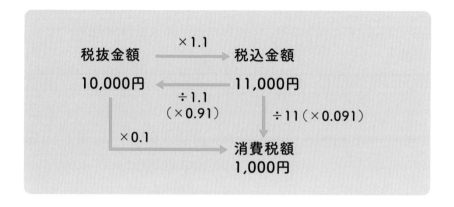

しかし、やっかいなのは、「÷1.1」が気軽にできないということです。頭の中でやるにはこの割り算は難しい計算です。そこで、掛け算に直してみます。実は、「÷1.1」をすることは「×0.91（正確には「×0.90909…」となります）を掛けることと一緒になります。例えば、税込10000円の商品であれば、税抜は「×0.91」となりますので、9100円。ちなみに消費税は、「÷11」となりますので、そのパートナーナンバーとなる「×9.1%」とすると、910円となります（概算ですので、合計金額が10010円となり、若干の誤差が出ることが確認できますね）。

> **POINT** 税込は1.1を掛けて、税抜は0.91を掛ければOK

例1 ）700円の税込みは？（消費税10％のとき）

700×1.1＝770円となります。

例2 ）税込10000円の税抜きは？（消費税10％のとき）

10000円÷1.1＝10000×0.91＝9100円くらい。

　正確に計算してみると、9091円となり、消費税額が909円になることがわかります。若干誤差が発生しますが、だいたい合っていますね。

例3 ）税込330円の消費税額は？

　税込金額の消費税額を求めるときは、「÷11」をすればOKです。「÷11」が難しければそのパートナーナンバーである「×0.091」（9.1％分）をしてみましょう。

$330 \div 11 = 30$円

ということで簡単に消費税額を出すことができました。

4-5　練習問題

以下の金額をざっくり求めてみましょう。消費税は10%とします。

（1）税抜1200円の消費税はいくら？

（2）税込1万円の税抜金額はいくら？

（3）税抜480万の税込はいくら？

（4）税込330円の消費税分はいくら？

（5）税抜298万円の消費税はいくら？

（6）税込50万円の税抜金額はいくら？

（7）税抜9800円の税込はいくら？

（8）税込10億円の消費税分はいくら？

（9）税抜9.9億円の消費税はいくら？

（10）税込110万円の税抜金額はいくら？

（11）税抜2900円の税込はいくら？

（12）税込1100円の消費税分はいくら？

（13）税抜550円の消費税はいくら？

（14）税込2000円の税抜金額はいくら？

（15）税抜6.8万円の税込はいくら？

（16）税込7000円の消費税分はいくら？

4-6 時間の変換

「2時間は何分でしょうか」と聞かれたら、おそらくほとんどの人が一瞬で答えられるものと思います。そうです、120分ですね。それでは、0.2時間は何分でしょうか。20分ではありません。1時間が100分だったら20分で正解なのですが、1時間＝60分です。

少し工夫して考えるとわかるのですが、**0.2時間は2時間が1桁ずれた形、つまり、2時間の0.1倍となるので、120分を1桁ずらしましょう。すると、12分となります。**

このように、小数点を含んだ時間⇒分への変換はコツをつかめば、非常に簡単に求めることができます。

例えば、1時間＝60分のように、**「時間⇒分」に直すには、「×60」をするとそのまま変換できます。**0.2時間は、0.2×60＝12（分）のように。

それでは、「分⇒時間」に直すためにどうしたらいいでしょうか。120分は2時間ですから、数字だけ見てみれば、「120⇒2」になるということです。つまり、「÷60」をしています（掛け算の逆が割り算でしたね）。

つまり、3分を時間に直すには、3÷60＝0.05時間という計算になるわけです。**それぞれ「×60」、「÷60」をやれば変換できるということがわかります。**

もちろん、これが小数点を含んだ時間についても「×60」「÷60」の変換でOKです。例えば、1.3時間を分に直すなら、1.3×60＝78分　となるわけです。

同様に、日⇒時間の換算は「×24」をすればよいですし、（1日は24時間のため）、年⇒日の換算は、「×365」をすれば求めることができます。

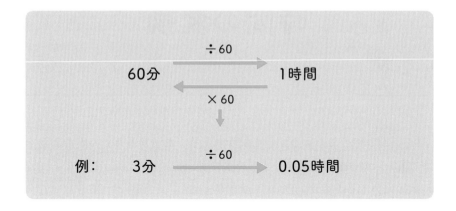

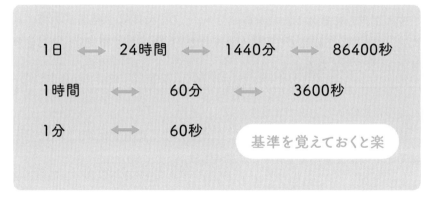

例1) 3.25時間は何分？

3.25×60＝195分です。

例2) 57分は何時間？

57÷60＝0.95時間です。

4-6 練習問題

　以下の時間を分に、分を時間に変換しましょう（場合によっては四捨五入してもよい）。

（1）120分

（2）2時間

（3）30分

（4）1.5時間

（5）24分

（6）1.2時間

（7）150分

（8）4.9時間

（9）126分

（10）8時間

（11）80分

（12）0.22時間

（13）48分

（14）2.3時間

（15）400分

（16）10時間

（17）3分

（18）12時間

（19）20分

（20）3.8時間

60（分）で1（時間）になるから
一見ややこしく感じるけど
考え方を確認した上で
やり方を覚えてしまったらけっこう簡単だね

4-7 長さの単位の変換

　長さには様々な単位があります。東京－大阪間のような長距離を示す場合には、キロメートル(km)が適しています。最寄りの駅から自宅までの距離はメートル(m)、パソコンやドライヤーなどの小物の大きさはセンチメートル(cm)。もっと細かいもの、ペン先やホチキスの針、ネジの大きさなどはミリメートル(mm)が適しています。

　それぞれの単位の変化は以下となります。

　　1 km = 1000m
　　1 m = 100cm
　　1 cm = 10mm

　他にももっと小さな単位として、マイクロメートル(μm)などの単位もあります(1 mm = 1000μm)。

　例えば、1700mmと1.8mはどちらが大きい? と聞かれても、単位が違うと一瞬戸惑います。1.7mと1.8mなら1.8が大きいことがパッと見でわかります。このように同じ単位(メートルならメートルのみ)で比べないとよくわかりませんね。

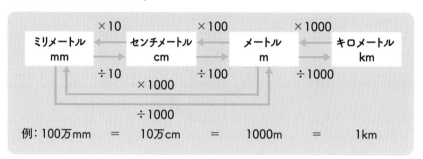

　同様に、1kmは1000mで、1mは100cmということから、1km＝10万cmということがわかります。また、1km＝1000×1000mmという式から100万mmが出てきます。大きな数の掛け算・割り算に慣れる必要性を感じるのではないでしょうか？　特に「×1000」「÷1000」は単位の変換でよく出てくるのでしっかり習得しておきたいところです。

　注意点として、1m＝100cmであることがわかっても、掛け算をしたらいいのか、割り算をしたらいいのか迷うときがあります。そんなときは、**大きい単位(m)⇒小さい単位(cm)に変えるときには、掛け算で数を大きくする**と覚えておくだけでイメージがわくと思います。逆に、**小さい単位⇒大きい単位に変えるときは、割り算で数を小さくすればいいのです。**

 大きい単位から小さい単位は掛け算で、小さい単位から大きい単位は割り算で！

例1 ）2500mm は何m？

　1000mmで1mですから、「÷1000」をすれば、mmからmに変換することができます。よって、2500÷1000＝2.5m

例2 ）8.4km は何mm？

　いきなり答えを求める必要はありません。1km＝1000m、1m＝1000mmであることから、kmをmmに直すためには、100万倍(1000×1000)すればよいことがわかります。8.4（km）＝8.4×100万＝840万mmとなります。

ミリとキロの変換は非常に多い!!
$\times \dfrac{1}{1000}$ と×1000は練習すると楽!!

4-7 練習問題

以下の長さをカッコ内の長さに変換してみよう。

（1）3km（m）

（2）150m（km）

（3）100m（cm）

（4）25cm（m）

（5）45cm（mm）

（6）925mm（cm）

（7）5500mm（m）

（8）0.02m（mm）

（9）380000mm（km）

（10）0.05km（mm）

（11）42.195km（m）

（12）20.5m（km）

（13）8m（cm）

（14）175cm（m）

（15）0.5cm（mm）

（16）29mm（cm）

（17）10000mm（m）

（18）1.6m（mm）

（19）666000mm（km）

（20）3.14km（mm）

4-8 広さの単位の変換

広さ（面積）とは、縦×横の長さを掛けたもの（長方形の場合）です。次の図のような領域をそう呼びます。

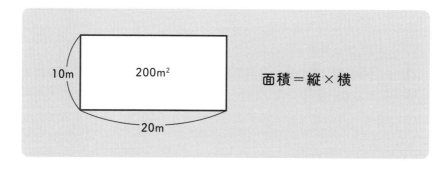

日本の国土など大きい広さの単位として、$1km \times 1km = 1km^2$（平方キロメートル）があります。日本の国土は38万km^2（約600km×600kmの正方形の面積くらいです）となります。

次に、部屋の広さなど日常的な広さの単位として$1m \times 1m = 1m^2$があります。1人暮らし用のワンルームの広さは25m^2（つまり、5m×5mくらいのスペース）前後が多いです。

もっと小さなスペースを表す単位として、$1cm \times 1cm = 1cm^2$（平方センチメートル）、$1mm \times 1mm = 1mm^2$（平方ミリメートル）があります。

$1km^2$と$1m^2$の大きさの違いは実に100万倍もあり、あまりに大きさが違いすぎることから、その間の単位も用意されています。

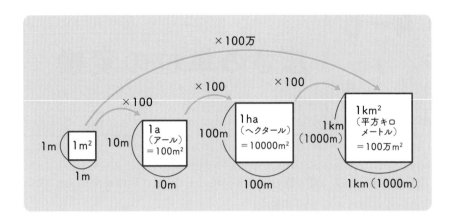

　例えば、田んぼの大きさはよくha（ヘクタール）を用いて表現します。a（アール）という単位も含めるとそれぞれ100倍ずつ違います。

　他にも「坪」や「畳」という単位があり、部屋の広さを表現するのによく用いられます。畳（じょう）とは、畳の大きさです。1枚の畳の大きさが約1.66m^2（地域によって若干大きさが異なる）あり、畳が2枚で、1坪となります。

　およそですが、

・1坪＝2畳

・1坪＝3.3m^2

です。

　坪⇒m^{2}に直すのは「×3.3」ですが、ややこしいのは、m^2⇒坪に直すときに、「÷3.3」をする必要があり、難しさを感じます。実はこのとき「÷3.3」が「×0.3」とほとんど同じであるということを知っていると（3.3のパートナーナンバーが0.3となります）、非常に計算が楽になります。

> POINT 「÷3.3」は「×0.3」と同じなので
> m^{2}を坪に直すときは×0.3

例1) 5坪は何m^2？

1坪＝3.3m^{2}ですので、5×3.3＝16.5m^{2}となります。

例2) 0.1km^{2}は何坪？

0.1km^2＝0.1×100万＝10万m^{2}ですから

10万÷3.3＝10万×0.3＝3万坪となります。

4-8 練習問題

以下の広さをカッコ内の単位に変換してみましょう。

（1）3坪（m^2）

（2）12m^2（坪）

（3）19km^2（m^2）

（4）10万m^2（km^2）

（5）25坪（m^2）

（6）100m^2（坪）

（7）0.01km^2（m^2）

（8）5000m^2（km^2）

（9）0.8坪（m^2）

（10）4m^2（坪）

（11）2.1km^2（m^2）

（12）750万m^2（km^2）

（13）300坪（m^2）

（14）60m^2（坪）

（15）3km^2（m^2）

（16）9万m^2（坪）

（17）11坪（m^2）

（18）1km^2（坪）

（19）0.003km²（m^2）

（20）100万坪（km^2）

4-9 速さの単位の変換

車でドライブに出かけるとしましょう。通常は時速50〜60kmで走ることが多いと思います。

ところで、この時速とは改めて何のことでしょうか。**時速とは、1時間あたりに進む距離を言います。** 1時間で50km進むのであれば、時速50kmです。

「風速は秒速10m」というように、**1秒あたりに進む距離を秒速と言い、1分あたりに進む距離のことを分速と呼びます。**

例えば、1秒間に10m進むとすると、10秒で100mですので、100m走のオリンピック選手のスピードでしょうか。かなり早いペースですね。

実はこのタイムというのは、分速や、時速に変換することができます。1秒間に10mとは、60秒で600m進むことですので、分速600m、または、分速0.6kmとなります。60分(つまり1時間)で、36000m進むということです。よって、時速36kmと等しくなります。

1秒間で10m ⇔ 1分間で600m ⇔ 1時間で36km

高速道路を時速80kmくらいで走ることもあるでしょう。時速は秒速に直すこともちろんできます。先ほどと同じように順に考えると、分速を時速に直すのに「×60」をしたので、その逆である、「÷60」をすれば、時速を分速に変換できます。同じように秒速に変換するには、「÷60」をしてから「÷60」をするので、「÷3600」をすると、時速を秒速に変換することができます。

よって時速80kmを秒速に直すと、1秒間に約22mとなります。 ちな

みに、高速道路には100m毎に目印が立っていることもあるので、ぜひタイムを計ってみてください。4.5秒で100mを走ることになります。時速80kmが、速度メーターだけでなく、計算で求められ、より実感度が高まると思います。

　なお、時速72kmなら秒速20mとなり、100mを5秒で走る速さとなります。時速90kmなら秒速25mで、100mを4秒で走ることになります。目安にできそうですね。

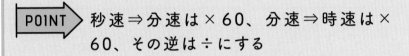

POINT　秒速⇒分速は×60、分速⇒時速は×60、その逆は÷にする

例1）時速30キロを分速で求めましょう。

　1時間あたり30kmということですので、1分あたりを求めるためには、「÷60」をすればよく、30÷60＝0.5となり、分速0.5kmになります。つまり、分速500m（分速0.5kmでも可）となります。

例2）秒速3mを時速で求めましょう。

　秒速3mを時速に直すには、分速にしてから時速にすると考えると、「×60」してから「×60」をすればいいことになります。よって、「×3600」をするということです。3×3600＝10800mとなり、時速10.8kmとなることがわかります。

　実は、秒速xmを時速$y$kmに変換するには、xに3.6を掛けたものがyになります。メートルがキロメートルになっているので、3600ではなく、3.6でよいのです。

今日の風速（秒速）10mってことは
時速にすると36kmということか。
ウサイン・ボルトくらいの速さ！！

4-9 練習問題

以下の速さををカッコ内の単位に変換してみましょう。
場合によって「m」や「km」という単位に変えてわかりやすく
表現してみましょう。

（1）秒速1m（分速）　　　　　（11）時速36km（秒速）

（2）秒速12m（分速）　　　　 （12）時速360km（秒速）

（3）分速500m（時速）　　　　（13）秒速4m（分速）

（4）分速1km（時速）　　　　 （14）秒速7.5m（分速）

（5）秒速2m（時速）　　　　　（15）分速180m（時速）

（6）秒速10m（時速）　　　　 （16）分速2.5km（時速）

（7）時速9km（分速）　　　　 （17）秒速100m（時速）

（8）時速120km（分速）　　　 （18）秒速9m（時速）

（9）分速12km（秒速）　　　　（19）時速1000km（分速）

（10）分速180m（秒速）　　　 （20）時速78km（分速）

4-10 | 速さ、時間、距離の計算

　人が歩くスピードは平均的に 1 分間に約80m程度と言われています。つまり、10分であれば800mで、 1 時間15分であれば 6 km（80m×75分）進みます。

　この計算のように「**速さ×時間＝距離**」という関係式が成り立っています。となると、500m進むのに必要な時間は、「**距離÷速さ＝時間**」で求めることができます。つまり、500÷80＝6.25となり、 6 分15秒となります。それぞれ以下の式が成り立ちます。

- **距離を求めたいとき：速さ×時間**
- **速さを求めたいとき：距離÷時間**
  （速さは、単位時間あたりに進む距離のこと）
- **時間を求めたいとき：距離÷速さ**
  （ある距離に対して、単位時間あたりの距離が何個入るのか、を考える）

　こんな図を目にしたことがある人も少なくないでしょう。

　それぞれわからないところを隠せば、求める式を作り出すことができます。**これは暗記するのに役立つ図ですが、式そのものの意味を理解して、計算する**

ことが重要であることは言うまでもありません。

速さ⦅は⦆を求めたいとき

⦅は⦆を押さえると、$\dfrac{⦅き⦆}{⦅じ⦆}$ つまり $\dfrac{距離}{時間} = 距離 \div 時間$

が見えてくる。

例1) **分速120mで5分30秒進みました。**
どのくらいの距離進んだでしょうか。

分速120mとは、1分あたりに進む距離のことです。距離は、速さ×時間で求まります。30秒は、0.5分（30÷60）ですので、120×5.5＝660mという形になります。

例2) **360kmの距離を秒速10mで進むと、どのくら**
いの時間で到着するでしょうか？

距離÷速さ＝時間　となるので、360÷10＝36時間　と計算したいところですが、それは間違いです。

なぜでしょう。そう、単位をそろえる必要があるのです。同じkmにしてから、時速にすれば計算することができます。秒速10mは、前節の考え方を用いれば、時速36kmであることがわかります。よって、以下の計算で求めることができます。

360÷36＝10時間

※秒速0.01kmとして計算することも可能です。その場合36000秒になります。

（1）時速30kmで12時間進みました。何km進んだでしょうか？

（2）時速12kmで4時間進みました。何km進んだでしょうか？

（3）時速6kmで7時間進みました。何km進んだでしょうか？

（4）5時間で150km進みました。時速何kmでしょうか？

（5）5時間で25km進みました。時速何kmでしょうか？

（6）10時間で450km進みました。時速何kmでしょうか？

（7）時速45kmで90km進みました。何時間かかったでしょうか？

（8）時速12kmで96km進みました。何時間かかったでしょうか？

（9）時速30kmで150km進みました。何時間かかったでしょうか？

（10）時速10kmで0.2時間進みました。何km進んだでしょうか？

（11）分速80mで4時間進みました。何km進んだでしょうか？

（12）秒速3mで10分間進みました。何km進んだでしょうか？

（13）10秒で350m進みました。分速何kmでしょうか？

（14）4時間で22km進みました。時速何kmでしょうか？

（15）30分間で40km進みました。時速何kmでしょうか？

（16）分速100mで3km進みました。何分かかったでしょうか？

（17）秒速20mで1000m進みました。何秒かかったでしょうか？

（18）時速60kmで5km進みました。何分かかったでしょうか？

（19）秒速120mで10分進みました。何km進んだでしょうか？

（20）40秒で1.2km進みました。時速何kmでしょうか？

4-11 | 生活費はどのくらいかかる?

食費編

　日々の食費、どのくらいかかっているか知っていますか？　いくらくらいか、計算してみましょう。

　例えば、1日1000円の人は、わかりやすいですね。1カ月は約30日ですから、月に3万円ほどかかります。

　食費は0にすることはできません（自給自足でない限り）が、一方で削りやすい経費の一つと言えます。1日100円の缶コーヒーをがまんすれば、100円×30日＝3000円の節約につながります。1日330円程度の支出を抑えれば、1カ月約1万円の節約につながります。

　次に、月の食費から1日の食費への計算も考えてみたいと思います。例えば、月に10万円の食費であれば、1日あたりどのくらいでしょうか。30で割れば、1日3300円程度だとわかります。

　1人暮らしなら1食あたり1100円（1日3食と考える場合）は高いように思うかもしれませんが、6人家族であれば、1食1100円だと1人183円となります。

例1）1日600円の食費であれば、1カ月の食費はいくらでしょうか。

1日600円であれば、600円×30日＝18000円

例2）1カ月の食費が4万円のとき、1日あたりの食費はいくらになるでしょうか。

40000円÷30日≒1333円

桁を間違えやすいので要注意です。いきなり30で割るのではなく、40000÷30＝4万÷10÷3　という形に置き換え、段階に分けて割り算すると桁間違いを防げます（もしくは、パートナーナンバーを活用して「×3.3%」をしても答えを出せます）。

> 700円このコンビニのお弁当も
> 30日食べると21000円になるのか！
> 意外と計算したことなかったなぁ。

4-11　練習問題

　1ヵ月30日とします。場合によっては3桁目を四捨五入してそれぞれの食費を求めましょう。

（1）1日あたり500円の食費。1ヵ月あたりは？

（2）1日あたり750円の食費。1ヵ月あたりは？

（3）1日あたり2500円の食費。1ヵ月あたりは？

（4）1日あたり900円の食費。1ヵ月あたりは？

（5）1日あたり5500円の食費。1ヵ月あたりは？

（6）1ヵ月当たりの食費が3万円でした。1日当たりは？

（7）1ヵ月当たりの食費が15,000円でした。1日当たりは？

（8）1ヵ月当たりの食費が5万円でした。1日当たりは？

（9）1ヵ月当たりの食費が11万円でした。1日当たりは？

4-12 生活費はどのくらいかかる？

家賃編

家賃は、生活費の中でも大きな割合を占める支出の一つです。

1カ月の家賃が5万円のときに、年間いくらの支出になるでしょうか。5万円×12カ月となり、60万円ということになります。

数年分の家賃を考えると長期的な支出を計算できます。例えば月15万円の家賃であれば、年間180万円の家賃ということになります。10年間その部屋に住めば、180万円×10年＝1800万円もの家賃を払うことになります。

賃貸の場合は毎月払う形となりますが、マンションを購入すれば払いきりになります。

例えば、同じくらいのクオリティのマンションを3600万円で買ったとしたらどうでしょう。賃貸として考えた場合、年間180万円（月15万）で20年分となりますが、購入していれば、20年以降は実質タダ！で住めることになります。

もちろん、固定資産税や、修繕積立金などがかかるので、実際に無料で住めるわけではありませんが、家賃に生涯どのくらいのお金をかけるのか計算してみると、将来のことを考える上での大事な材料になってきます。

> POINT 家賃の12倍が年間家賃。賃貸と購入ではどっちがお得？

70000円×12カ月＝84万円

と計算をすることができます。

45000円×12＝54万となり、年間54万円かかっていることがわかります。これが30年間続くので、54万円×30＝1620万円となります。

もちろん、この計算方法以外にも計算できます。上記の式を一気に計算すれば、45000円×12×30となるので45000円×360として計算してもよいでしょう。

45000×360＝90000×180

2倍と半分のテクニック（82ページで解説）を用いればこちらの式と答えは等しくなります。

3600万円の
持ち家

月15万×20年の
賃貸

同じクオリティ

結局どっちが
お得なの？？

4-12　練習問題

（1）月3万円の家賃のとき、年間いくらか？

（2）月8万円の家賃のとき、年間いくらか？

（3）月65,000円の家賃のとき、年間いくらか？

（4）月115,000円の家賃のとき、年間いくらか？

（5）月18万の家賃のとき、年間いくらか？

（6）月1.5万の駐車場代のとき、3年間でいくらか？

（7）月7千円の駐車場代のとき、20年間でいくらか？

（8）月2.5万円の駐車場代のとき、15年でいくらか？

（9）月10万円の家賃のとき、40年間でいくらか？

（10）月7.5万円の家賃のとき、2年間でいくらか？

（11）月4.5万円の家賃のとき、年間いくらか？

（12）月70,000円の家賃のとき、年間いくらか？

（13）月105,000円の家賃のとき、年間いくらか？

（14）月220,000円の家賃のとき、年間いくらか？

（15）月15万の家賃のとき、年間いくらか？

（16）月9千円の駐車場代のとき、3年間でいくらか？

（17）月2万円の駐車場代のとき、20年間でいくらか？

（18）月1.5万円の駐車場代のとき、6年でいくらか？

（19）月20万円の家賃のとき、40年間でいくらか？

（20）月8.5万円の家賃のとき、2年間でいくらか？

4-13 時給と月給・年収の変換

「初めての仕事は、時給制のアルバイトでした……」という方も少なくないでしょう。私も時給630円で、コンビニでアルバイトをしていました。

今では東京の最低賃金は1000円を超えましたが、時給1000円だと月給でいくらくらい稼げて、年収だとどのくらいになるのでしょうか。

例えば、月に21日程度（週に2日＋α程度の休み）の出勤で1日8時間労働とすると、月に168時間となります。約170時間として、時給1000円×170時間で、月給17万円になるということです。

ちなみに、「×170」をすることは、「÷0.6％」をするのと一緒であることを覚えておけば、計算が簡単になります。逆に、「÷170」をするのであれば、「×0.6％」をすればよいというコツを覚えておくとよいでしょう（0.6％が170のパートナーナンバーとなります）。多少の誤差は発生しますが、おおよその大きさがわかるのでお勧めの計算方法です。

POINT ×170なら ÷0.6％、
÷170なら ×0.6％で計算できる

例1）時給1200円のとき、月給はいくら？
（月に170時間労働のとき）

時給1200円ですから、

$1200 \times 170 = 600 \times 340 = 204000$ 円となります。

もっと簡単に計算したい場合は、「×170」⇔「÷0.6%」を駆使して計算します。

$1200 \div 0.6\% = 20$ 万

とすると、ざっくりではありますが、うまく計算することも可能です。

桁の計算が混乱してしまう方もいるかもしれませんが、以下の目安を覚えておくと間違えません。

時給1000円　⇒月給17万（年収200万）

時給5000円　⇒月給83万（年収1000万）

月収数十万であれば、そもそも時給は数千円ということになります。**時給1万円はほとんど超えない、というのが一つの覚えておきたい基準です。**

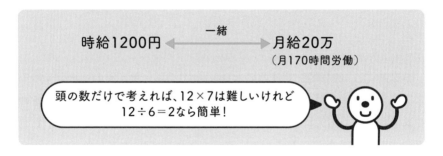

> **例2）月給30万円の場合、時給はいくら？**
> **（月に170時間労働のとき）**

月給から時給を出す場合は、

30 万（円）$\div 170$（時間）$= 30$ 万 $\times 0.6\% = 1800$ 円

となります。

> **例3）時給1200円のとき、月給はいくら？**
> **（月に90時間労働のとき）**

月の労働時間が減れば、当然月給も減ります。例えば、月に80時間労働はだいたい週4日、5時間／日程度の勤務となるでしょう。

　　時給1200円×90時間＝108000円

　簡単に計算できます。

※実は年間で平均すると、1カ月あたり4.3週程度となりますので、1週あたりの労働時間を計算してから、4.3を掛ければおおよその月の労働時間を算出できます。

4-13　練習問題

　　1カ月30日とします。場合によっては3桁目を四捨五入してそれぞれの月給と時給を求めましょう。

（1）時給1500円のときの月給は？（月60時間の勤務とする）
（2）時給1500円のときの月給は？（月100時間の勤務とする）
（3）時給1500円のときの月給は？（月120時間の勤務とする）
（4）時給1200円のときの月給は？（月170時間の勤務とする）
（5）時給1500円のときの月給は？（月170時間の勤務とする）
（6）月給40万のときの時給は？（月170時間の勤務）
（7）月給35万のときの時給は？（月170時間の勤務）
（8）月給20万のときの時給は？（月170時間の勤務）
（9）月給50万のときの時給は？（月170時間の勤務）
（10）月給83万のときの時給は？（月170時間の勤務）

4-14 年収を計算する

月収から年収を推測してみましょう。

例えば、月収が25万円のとき、年収はどのくらいでしょうか。

25万円×12カ月＝300万円となります。

この計算のときに、**月の給与を2倍にしてから、6カ月で計算をすると、簡易的に計算できます。毎月給料をもらうのではなく、2カ月一緒に給与をもらってしまって、それが6回続くと考えればよいわけです。**

   25万円×12＝50万円×6

ここに賞与があらかじめ2カ月分出るなどがわかっていれば、その2カ月分を換算すればよいでしょう。

例えば、月の給与が同じ25万円なら、

   25万円×12（毎月の給与）＋25万円×2（賞与分）
   ＝25万円×14＝50万円×7＝350万円

時給から年収を計算することも同様に可能です。月の労働時間が前節で見た通り、170時間とすると、年間の労働時間は、賞与なしの場合、170×12＝2040時間となります。

これはおおよそ2000時間として計算することもできますが、賞与があったり、残業時間が少しでもあればこの計算はおかしくなってきますので、月給を求めてから、年収を求めた方が無難でしょう。

> **POINT** 時給に2000を掛けると、年収になる
> （月約170時間勤務で賞与なしの場合）

例1 ）月給32万円の年収は？
（賞与は月給の２カ月分）

32万円×14（12カ月＋賞与の２カ月）＝64万円× 7 ＝448万円

例2 ）時給2000円の年収は？（賞与なしの場合）

上の「POINT」のとおりにざっくり計算すると、

2000円×2000＝400万円

になりますが、もう少し詳しく計算すると

月給：2000円×170時間＝34万円

年収：34万円×12カ月＝408万円

となります。

例3 ）年収300万円（賞与なし）の場合、時給は？

こちらも「POINT」の考え方を使えば、年収を2000で割れば時給が求まります。

300万円÷2000＝1500円

時給1500円であることがわかりました。

	時給			年収	
	1000円	×	2000	=	200万円

年収1000万円は
時給5000円!?

時給				
1500円	×	2000	=	300万円
2000円	×	2000	=	400万円
5000円	×	2000	=	1000万円
⋮				⋮

4-14　練習問題

月170時間の勤務時間として計算しましょう。

（1）月収20万の年収は？（賞与はなし）

（2）月収30万の年収は？（賞与はなし）

（3）月収40万の年収は？（賞与はなし）

（4）月収45万の年収は？（賞与はなし）

（5）月給18万円の年収は？（賞与は月給の2ヵ月分）

（6）月給32万円の年収は？（賞与は月給の6ヵ月分）

（7）時給2000円の年収は？（賞与はなし）

（8）時給1500円の年収は？（賞与はなし）

（9）時給3000円の年収は？（賞与はなし）

（10）年収200万の時の時給は？（賞与はなし）

（11）年収300万の時の時給は？（賞与はなし）

（12）年収700万の時の時給は？（賞与はなし）

（13）年収500万の時の月給は？（賞与はなし）

（14）年収400万の時の月給は？（賞与は月給の2ヵ月分）

（15）年収900万の時の月給は？（賞与は月給の5ヵ月分）

5章

仕事で使う計算を
マスターしていこう

さて、日常の場面について考えてきましたが、今
度はビジネスの現場ですぐに役立つ概算術に
ついて様々な視点で学んでいきましょう。

5
-
1

だ
い
た
い
ど
の
く
ら
い
売
れ
て
る
？
（
平
均
の
算
出
）

5-1 | だいたいどのくらい 売れてる? (平均の算出)

　「あなたのお店のひと月の売上はいくらですか?」。そんな質問をされたら、店主のあなたはどう答えますか。

　まさかこんな風に答える人はいないはず。「1月は24,151,408円で、2月は16,089,050円で、3月は……」。このようにいちいち正確に答えていたら日が暮れてしまいます。「だいたい2000万くらいですね」と答えれば一言で済みますね。この「だいたい」とは、平均がいいでしょう。

　例えば、12カ月の売上が次のような売上だったとします(上から3桁目を四捨五入し、24,151,408円は、2400万としています)。

月	1	2	3	4	5	6	7	8	9	10	11	12
売上 (百万円)	24	16	22	20	21	19	21	17	16	16	24	24

　平均の求め方はシンプルです。すべての値を足して個数分で割ればいいのです。

　すべての月の売上を足せば12カ月分、つまり1年分の合計売上、年間売上が出ます。それを12カ月で割るわけです。

　(24＋16＋22＋……)÷12＝　という計算。一見、大変そうに思えます。しかし、この平均のとり方については、毎月の売上はだいたい「20」前後となっていますから、すべての売上が20だと仮定して、20からどのくらいずれているのか? という視点で考えればいいのです。

　1月は、24＝20＋4ですから、4と置き換えてしまいます。2月は16＝20－4ですから、16は－4と置き換えます。このように20との

差だけを集めて計算します。すると以下の表のように置き換えることができます。

月	1	2	3	4	5	6	7	8	9	10	11	12
売上	4	− 4	2	0	1	− 1	1	− 3	− 4	− 4	4	4

こうすれば、簡単な足し引きだけで計算できます。

$$（4 +（- 4）+ 2 + 0 + ……）÷ 12 = 0$$

ここから、元々20の売上だったため、約20（百万）円となるわけです。もちろん3桁目を四捨五入しているため若干の誤差は発生します。今回は12カ月と数が多かったので、もう少し少ない量で平均を求めてみましょう。

POINT ▶ 中央っぽい値からどれくらい離れているかで計算する

例1 ） 次の平均値を求めてみましょう。
　　　　25　35

すべて足して、その個数で割り算したものが平均ですから、

$$\frac{25 + 35}{2} = \frac{60}{2} = 30$$

と計算できます。また、**個数が2つであれば、ちょうど真ん中っぽい数が平均となります。** 25と35の間はちょうど30っぽいですね。30から考えれば、

$$30 = 35 - 5$$

$35 = 25 + 5$

ということで、ちょうど±5離れているところが30となりますので平均となります。次の図のように、平らに均すことをイメージすると、その平均値が直感に合うかどうかの判断の材料となりますので、ぜひ参考にしてみてください。

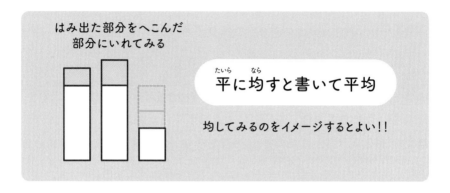

はみ出た部分をへこんだ
部分にいれてみる

平に均すと書いて平均

均してみるのをイメージするとよい!!

例2) 次の売上（円）の平均額を求めてみましょう。
620万　599万　615万　608万　598万

すべて足して、その個数で割り算したものが平均ですから、

$$\frac{620万 + 599万 + 615万 + 608万 + 598万}{5}$$

$$= \frac{(600万 + 20万) + (600万 - 1万) + (600万 + 15万) + (600万 + 8万) + (600万 - 2万)}{5}$$

$$= \frac{600万 \times 5}{5} + \frac{20万 - 1万 + 15万 + 8万 - 2万}{5} \quad {}^{(※)}$$

$$= 600万 + 8万 = 608万円$$

※の式を見てみれば、600万を軸にして、はみ出た数について足し引きしたものを個数で割ったあと、足していますね。このように計算すると楽に計算できるでしょう。

　以下の売上（円）の平均額をざっくり求めてみましょう（ただし3桁目を四捨五入してもよい）。

（1）24万　30万

（2）270万　310万

（3）5100万　4900万

（4）1.4億　1.8億

（5）99万　89万

（6）63万　53万　58万

（7）10万　50万　40万　20万

（8）125万　75万　90万　110万

（9）5600万　4900万　5100万　4800万

（10）310億　400億　300億　350億　390億

（11）1000万　100万

（12）100万　1000

（13）10万　12万　14万

（14）25万　50万　25万

（15）81万　8万　31万

（16）100万　250万　250万　250万　250万

（17）1400　1500　1600　1700　1800

（18）1000　1000　1000　1000　10000

（19）1万　1万　1万　1万　1億

（20）4.8万　5.1万　4.7万　5.5万　5.2万

5-2 | 売上アップの2つの表現法

　売上が1000万円⇒1300万円になったとき、あなたならどういう言葉で表現しますか？

　　売上が30%アップしました！
　　売上が30%増加しました！
　　売上が130%になりました！
　　売上が1.3倍になりました！

　様々な表現がありますが、どれも正しい表現です。ややこしいのは「30%アップ」と「130%になった」の違いですが、増加分について言っているのか、数そのものがその量に変化したのか、という表現の違いです。その値の変化分を言葉にするのであれば、〇%アップや〇%ダウンという表現になりますし、その値そのものが変化したことを言葉にするのであれば、〇%になったとか、〇倍になったとなります。

　同じく、売上が100万円⇒80万円に下がったとき。これはどんな表現があるのかと言えば、

　　売上が20%下がりました。
　　売上が20%減少。
　　売上が8割になった。
　　売上が0.8倍になった。

　すべて正しい表現です。

> **POINT** 変化分なのか、そのものが変化したのか
> で表現が違う

> **例1**) 売上200万円が1.3倍になりました。売上はい
> くらになりましたか？

200万円そのものが1.3倍になったので、200万×1.3＝260万円

> **例2**) 売上1500万円が300％アップしました。売上
> はいくらになりましたか？

1500万円の売上の300％分が増加したので、1500万円×300％＝
4500万円が増加したということになります。

よって、1500万円＋4500万円＝6000万円になります。これは、
1500万円の売上が6000万円になっているので、4倍になったのと同じ
意味になります。

普通、「100％を超える」アップを表現するときには、「〇倍になった」
と表現することが多いです。つまりこの問題の場合、300％アップではな
く、4倍になった、という表現の方が勘違いされにくいでしょう。

185

5-2　練習問題

（1）売上100万円が10％アップしたら売上はいくら？

（2）売上1000万円が40％アップしたらいくら？

（3）売上500万円が1.5倍になったらいくら？

（4）売上9億円が1.2倍なったらいくら？

（5）売上2500万円が160％に。いくら？

（6）売上6億円が90％に。いくら？

（7）売上2000万円が2500万円に。何％アップ？

（8）売上1200万円が1320万円に。何％アップ？

（9）売上200万円が600万円に。何倍になった？

（10）売上8億円が9億6千万円に。何倍になった？

（11）売上3000万円が4500万円に。何倍になった？

（12）売上20万円が30％ダウン。いくら？

（13）売上80億円が15％ダウン。いくら？

（14）売上4000万円が4分の1に。いくら？

（15）売上1億円が7500万円に。何％ダウンした？

（16）売上50万円が200万円に。何％になった？

（17）売上が25億円が2割上がってから2倍になった。いくら？

（18）売上4億円が4割上がってから1.5倍になった。いくら？

（19）売上600万円が10％下がってから2倍にアップ。いくら？

（20）売上3000万円が10％アップしてから10％ダウン。いくら？

5-3 増加率の計算

　「10%値上げしました」や「20%アップしました」などはよく見聞きする表現です。こうしたパーセンテージについては瞬時に計算できるテクニックがあります。

　特に1%、2%、5%、10%、20%、50%の5つを身につけておくと便利です。コツは以下の通りです。

- 1%アップ……小数点2個小さくなるように動かしたものを足し算
- 2%アップ……1%分の2倍を足し算
- 5%アップ……10%分の半分を足し算　or　1%分の5倍を足し算
- 10%アップ……1桁小さくなるように小数点をずらしたものを足し算
- 20%アップ……10%分の2倍を足し算
- 50%アップ……その数字の半分を足し算

　できれば頭の中だけで計算したいところですが、難しい方はメモなどを取りながらゆっくり練習しましょう。

POINT ▷ 1%、10%、100%分から計算する

例1 ） 売上150万円が20%アップしました。
　　　 売上はいくらになりましたか？

20%をいきなり求めると難しいことも。だから、まずは10%分を求めます。150万円の10%分は15万円ですから、その2倍が20%分となります。よって30万円。この30万円を150万円に足した180万円が答えとなります。

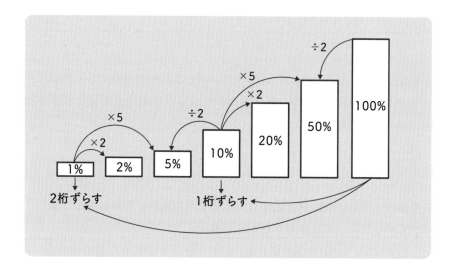

例2) 売上2800万円が5%アップしました。売上はいくらになりましたか？

5%は、求める方法が2種類あります。1%分を求めてからそれを5倍する方法と、10%分を求めてからそれを半分にする方法です。

まず1%分は、28万円。その5倍をするから140万円。これを2800万円に足し算して、2940万円となります。

もしくは、10%が280万円。この半分だから140万。これを足し算します。

あなたはどちらの方がやりやすいですか？　慣れると「10%から半分」の方がより簡単に計算できると思います。

（1）売上1000万円が10％アップしたら売上はいくら？

（2）売上100万円が20％アップしたら売上はいくら？

（3）売上500万円が1％アップしたら売上はいくら？

（4）売上9億円が2％アップしたら売上はいくら？

（5）売上2400万円が5％アップしたら売上はいくら？

（6）売上6億円が50％アップしたら売上はいくら？

（7）売上2000万円が1％アップしたら売上はいくら？

（8）売上1200万円が20％アップしたら売上はいくら？

（9）売上200万円が5％アップしたら売上はいくら？

（10）売上8億5000万円が10％アップしたら売上はいくら？

（11）売上3000万円が50％アップしたら売上はいくら？

（12）売上20万円が2％アップしたら売上はいくら？

（13）売上80億円が5％アップしたら売上はいくら？

（14）売上4000万円が1％アップしたら売上はいくら？

（15）売上1億円が50％アップしたら売上はいくら？

（16）売上50万円が2％アップしたら売上はいくら？

（17）売上が25億円が10％アップしたら売上はいくら？

（18）売上4億円が20％アップしたら売上はいくら？

（19）売上640万円が5％アップしたら売上はいくら？

（20）売上3000万円が1％アップしたら売上はいくら？

5-4 原価と粗利率

　基本的にモノを売る時は、原価に対していくらか金額を上乗せして売値を決めます。この上乗せする金額のことを粗利益（通称、粗利）と呼びます。

　売値 － 原価 ＝ 粗利

　この粗利は非常に重要で、そこから人件費や広告費、家賃や光熱費などもろもろ全てを払って残ったものが企業の利益になります。

　例えば、3000円で仕入れたものを1万円で売れば、粗利は7000円です。このとき、粗利率は、粗利÷売値で計算することができます。

　割り算は、分母を1としたときの分子の割合を求めるという意味ですから、粗利率とは、売値を「1」としたときの粗利の割合のことです。

　粗利率 ＝ 粗利 ÷ 売値

　つまり、7000円÷1万円となり、粗利率は70％になります。

　これを図で表したものが以下になります。

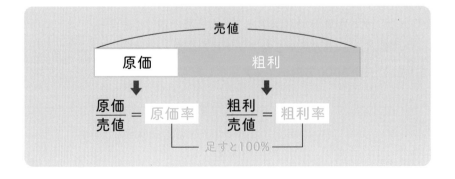

同じように、売値を 1 としたときの原価の割合を原価率と呼びます。

$$原価率 = \frac{原価}{売値}$$

図を見てわかる通り、

粗利 = 売値 − 原価

ですので、

$$粗利率 = \frac{売値 − 原価}{売値} \left(= \frac{粗利}{売値} \right)$$

$$= \frac{売値}{売値} − \frac{原価}{売値}$$

$$= 1 − 原価率$$

として計算することができます。つまり、原価率と粗利率は補数の関係に
なっており、足すと、1（100％）になります（例えば、原価率が30％なら、
粗利率は70％ということ）。

POINT＞ 粗利率と原価率は補数の関係

例 1 ） 売値2000円で原価が500円のとき、
粗利率はどのくらい？

売値が2000円で原価が500円なので、原価率は500÷2000＝25％
となり、粗利率は、1 − 25％＝75％

例2）売値が4万円で粗利率が15%のとき、粗利は
いくら？

　4万円の15%分が粗利ですから、4万×15%＝6000円　が粗利となります。4万円の商品を1つ売れば、6000円の粗利が出るということです。

5-4　練習問題

　（1）売値100円、原価40円のとき、粗利は？

　（2）売値500円、原価率30%のとき、粗利は？

　（3）売値1500円、原価750円のとき、粗利率は？

　（4）売値3万円、原価率1%のとき、粗利率は？

　（5）売値60万円、原価24万円のとき、粗利率は？

　（6）売値6万円、粗利率20%のとき、原価は？

　（7）売値1.3万円、粗利率40%のとき、原価は？

　（8）売値9000円、粗利3000円のとき、原価率は？

　（9）売値780円、粗利率80%のとき、原価率は？

　（10）売値298円、粗利149円のとき、原価率は？

　（11）売値4500円、原価45円のとき、粗利は？

　（12）売値5万円、原価率15%のとき、粗利は？

　（13）売値15万円、原価率5%のとき、粗利は？

　（14）売値2.5万円、原価3000円のとき、粗利率は？

　（15）売値180万円、原価81万円のとき、粗利率は？

5-5 月間売上の計算

　年間売上1億円の企業の月間の売上はいくらでしょうか。考え方は簡単です。1年は12カ月ですから、年間売上の1億円を12で割れば答えが出ます。しかし、1÷12の計算自体はあまり簡単ではありません。パッと答えが出てこないと思います。そんなときは、小数の掛け算に直すと楽に計算できます。

$$1億÷12 ⇒ 1億×8.3\%$$

と変形できるのです。1を12分割することは、1の8.3%分を求めるという計算になります。これもパートナーナンバーの表にある数字の組み合わせです。

　このまま計算をすればよいのですが、8.3%分がどのくらいになるのか、桁がよくわからなくなってしまう方もいます。例えば、頭の数は、1×83＝83と簡単に出そうです。

　桁の計算をパッとするためには、まずざっくりした量を出すことです。**12カ月は約10カ月分ですから、1カ月分は10%弱になります。1億円の10%は1000万円ですから、それよりも若干低い額……と見ておくと、830万円ということで答えが求められます。**

　しかし、この計算には誤差が伴います。電卓で「1÷12」を計算すればわかりますが、0.08333……というように3が無限に続きます。ただ、この計算方法でOKです。**なぜなら、8.3%と8.333……%との違いは約0.4%にすぎないからです。**0.4%程度の誤差ならば全く問題はありません。

　もう少し誤差を許容していいなら、8％でも問題ありません。しかし、

8 にしてしまうと、誤差が4％発生してしまいますので場合によっては大きな誤差に見えてしまうこともあります。

　売上規模1兆円の企業であれば、月の売上は833億円の売上となりますが、800億円の売上としてしまっては、「33億円はどこにいったんだ！」となってしまうことも。ある程度の許される範囲を見ながら、概算に挑戦をしていきましょう。

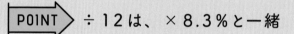

POINT ÷12は、×8.3％と一緒

例1 ）**年間3億円の売上であれば、**
　　　月間の売り上げはどのくらい？

　3億÷12 ＝ 3億円×8.3％ ＝ 2490万円
となります。

　正確には、
　3億÷12 ＝ $\frac{3}{12}$ × 1億 ＝ $\frac{1}{4}$ × 1億 ＝ 2500万円
となります。

　あくまでざっくりした計算であることが納得できたでしょうか。

　もし、8％で計算を行なうなら、
　3億× 8％ ＝ 2400万円
となります。

÷12 ⟷ ×8.3％
どっちの方が計算が簡単??

年12億の売上なら
÷12の方が早いね!!

　　　上から3桁目を四捨五入してざっくり出してみましょう。

（1）年間1000万円の売上であれば、月間売上はどのくらい？

（2）年間3000万円の売上であれば、月間売上はどのくらい？

（3）年間50万円の売上であれば、月間売上はどのくらい？

（4）年間10億円の売上であれば、月間売上はどのくらい？

（5）年間2000万円の売上であれば、月間売上はどのくらい？

（6）年間8億円の売上であれば、月間売上はどのくらい？

（7）年間7000万円の売上であれば、月間売上はどのくらい？

（8）年間6000万円の売上であれば、月間売上はどのくらい？

（9）年間40億円の売上であれば、月間売上はどのくらい？

（10）年間1兆円の売上であれば、月間売上はどのくらい？

（11）年間5000億円の売上であれば、月間売上はどのくらい？

（12）年間900万円の売上であれば、月間売上はどのくらい？

（13）年間70億円の売上であれば、月間売上はどのくらい？

（14）年間4000万円の売上であれば、月間売上はどのくらい？

（15）年間2兆円の売上であれば、月間売上はどのくらい？

（16）年間3000億円の売上であれば、月間売上はどのくらい？

5-6 購入率を解釈する

　1-10節でも出てきましたが、Webの分析やリスクの評価など小さい確率や割合について考えるとき、「1％は100人中1人」のように言葉で解釈をすると、その割合の意味がより具体的に理解できます。

　1章で学んだポイントを再掲載します。

> **POINT** 　10％分　　⇒10人中1人
> 　　　　　　1％分　　　⇒100人中1人
> 　　　　　　0.1％分　　⇒1000人中1人
> 　　　　　　0.01％分　⇒1万人中1人

　これを理解すると、応用問題についてもとらえることができます。例えば、0.2％ってどういうことでしょうか。どういう意味を持っているでしょうか。意味というのは、例えば〇人中1人、みたいな形で具体的にイメージできるような表現にすることです。

　解くためにはまず、0.1％は1000人中1人であることを思い出しましょう。すると、0.2％はその2倍。つまり分数で表現すれば、

$$\frac{2}{1000} = \frac{1}{500}$$ となります。よって、500人中1人という意味です。

例1 ）0.05％は何人中1人？

解き方は2種類あります。**0.01％の5倍として求める方法と、0.1％の半分として求める方法です。**

　まずは1つ目の方法で解きます。0.01％が1万人中1人ですから、その5倍が0.05％。約分をして、2000分の1です。

　もう一つは、0.1％が1000人中1人ですから、その半分が0.05％。1000人中0.5人は、2000人中1人と一緒です（分子分母を2倍ずつにします）。

例2 ）0.4％は何人中1人？

　まず、近い公式の値を思い出しましょう。**0.1％は1000人中1人ですから、その4倍です。**よって1000人中4人となるので、約分をすれば250人中1人です。

　他にも答えを出す方法があります。4％が25分の1である（パートナーナンバー）ことに気づけば、0.4％＝4％×10％として考えることができます。10％は10分の1であることから$0.4％ = \dfrac{1}{25} \times \dfrac{1}{100}$ つまり、250分の1だとわかるでしょう。これはなかなか高度な算出の仕方ですね。

0.01％と聞くと小さくて
あまり現実にはないように思えるけど
折込チラシの反応率0.01％はふつうにあるし
1年間の交通事故の死亡率は
0.01％より小さいよ（約0.002％で$\dfrac{1}{5万}$くらい）※

※2022年の交通事故の死者数は2610人となっていて、あくまで平均的な死亡率として計算しています。

（1）0.01％は何人中１人？

（2）１％は何人中１人？

（3）0.1％は何人中１人？

（4）10％は何人中１人？

（5）２％は何人中１人？

（6）0.5％は何人中１人？

（7）0.04％は何人中１人？

（8）30％は何人中１人？

（9）0.2％は何人中１人？

（10）５％は何人中１人？

（11）0.03％は何人中１人？

（12）20％は何人中１人？

（13）0.3％は何人中１人？

（14）４％は何人中１人？

（15）0.02％は何人中１人？

（16）50％は何人中１人？

（17）３％は何人中１人？

（18）0.05％は何人中１人？

（19）0.4％は何人中１人？

（20）40％は何人中１人？

5-7 | コンバージョン率から購入者数を求める

　ショッピングサイトの運営で大切なのは、売上を増やすことです。そのためにはお客の数を増やすこと、お客1人あたりの購入数を増やすこと、商品単価を上げること……などが必要になってきます。

　いろいろな施策が考えられますが、例えば、購入者数を増やしたい！と思った時、大切なのは2つです。サイトへのアクセス数（表示回数を増やすこと）の増加、そして、コンバージョン率の増加です。

　コンバージョン率とは、アクセス数に対してどのくらいの人が商品を買ってくれているのか、という割合のことでしたね。この2つをアップさせれば、売上アップは間違いなしです。

　まず、アクセス数が増えるということは、そのサイトを見てくれている人が増えるということです。そして、コンバージョン率が上がるということは、そのサイトから商品を買ってくれる人の割合が増えるということです。こんな数式が成り立ちます。

アクセス数 × コンバージョン率 ＝ 購入者数

> ## 例1) 月10万アクセス、コンバージョン率1%のサイト。購入者数は？

　10万 × 1％＝1000人

となります。1％は小数点2個分ですので、0を2個消してから、頭の数である1を掛けてあげます。**1％を掛けるということは、その数字を小さくする、ということですので、「0」を2個消します。**

もしくは、1%分は、$\frac{1}{100}$ と一緒ですので、「÷100」をしても求めることができます。

> **POINT** ×10％は1桁ずらし、×1％は2桁ずらし、×0.1％は3桁ずらし

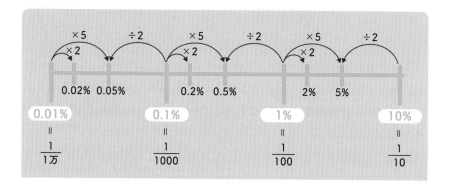

> **例2** 月150万アクセス。コンバージョン率0.5％のサイト。購入者数は？

0.5％分を求めるためには、方法は2種類あります。まずは、**1%分を求めてからその半分にするという方法**。もしくは、**0.1%分を求めてから、それを5倍にする方法**です。

前者の方法で求めると、1%分は1.5万で、その半分だから7500人という計算になります。

後者の方法は、0.1％分（1／1000）をまずは求めます。0.1％は小数点3つ分ですので、1500000から「0」を3つ消します（0を3個分、頭の中だけで消そうとすると間違えがちなので要注意です）。すると、1500。それを5倍すると、7500と計算できます。

　以下のとき、購入者数を求めてみましょう。

（1）100万アクセス。1％のコンバージョン。購入者数は？

（2）1000万アクセス。0.1％のコンバージョン。購入者数は？

（3）1万アクセス。2％のコンバージョン。購入者数は？

（4）100万アクセス。5％のコンバージョン。購入者数は？

（5）1000万アクセス。0.1％のコンバージョン。購入者数は？

（6）10万アクセス。8％のコンバージョン。購入者数は？

（7）1億アクセス。0.4％のコンバージョン。購入者数は？

（8）1000アクセス。30％のコンバージョン。購入者数は？

（9）1万アクセス。0.6％のコンバージョン。購入者数は？

（10）10万アクセス。0.01％のコンバージョン。購入者数は？

（11）300万アクセス。0.7％のコンバージョン。購入者数は？

（12）10億アクセス。2％のコンバージョン。購入者数は？

（13）5000アクセス。10％のコンバージョン。購入者数は？

（14）4万アクセス。0.3％のコンバージョン。購入者数は？

（15）20万アクセス。0.07％のコンバージョン。購入者数は？

（16）8000万アクセス。2％のコンバージョン。購入者数は？

（17）200万アクセス。4％のコンバージョン。購入者数は？

（18）7万アクセス。0.02％のコンバージョン。購入者数は？

（19）600万アクセス。0.5％のコンバージョン。購入者数は？

（20）9000万アクセス。9％のコンバージョン。購入者数は？

5-8 原価から価格を予測する

モノの価格は値札を見ればわかりますが、その原価はわかりません。しかし、販売者になれば、原価は非常に重要な要素となります。

例えば、飲食店では、一般的に食材の原価は売値の3割程度（飲食店によります）といわれます。つまり、メニューの値段を、原価の3倍程度に設定しなければ、利益が出にくくなります。

また、ビジネスにおいては、自分の人件費から、価格をいくらに設定するかを考える場面が多く存在します。

「人月（にんげつ）」という考え方があり、1人が1カ月働いた分の仕事量のことです。ある人が2カ月その仕事をしなければ終わらない仕事量の場合、2人月となります。

実際は、その人件費以外にも、家賃、広告費などの経費、利益を上乗せしなくてはいけないため、売値の〇割を原価としなければいけないというのは、ビジネスによって異なります。

ものの値段を決めるときは、必ず原価と向き合わなければなりません。**当然ながら、売値に対して原価の割合が高くなると、利益が出づらくなります。売値が原価より低くなれば利益は出ません。**

原価率から価格を算出するためには、パートナーナンバーを活用すると、とても便利です。

例えば、原価率2割で原価が300円であれば、5倍すれば、価格を算出することができます。このロジックは簡単です。

x 円 × 0.2 ＝ 300 円

x 円 ＝ 300 円 ÷ 0.2

x 円 ＝ 300 円 ÷ $(\dfrac{1}{5})$

x 円 ＝ 300 円 × 5

x 円 ＝ 1500 円

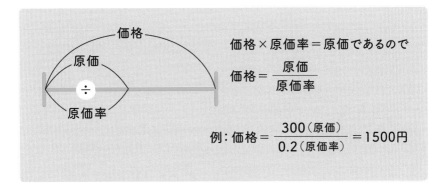

価格 × 原価率 ＝ 原価 であるので

$$価格 = \dfrac{原価}{原価率}$$

例：$価格 = \dfrac{300（原価）}{0.2（原価率）} = 1500円$

として算出することが可能です。

> **例1** ） **原価率25％で、原価が35000円でした。**
> **価格はいくらでしょうか。**

　価格 × 0.25 ＝ 35000 円

　価格 ＝ 35000 ÷ 0.25 ＝ 35000 × 4 ＝ 14万円

　ここで把握しておきたいのは、**部分の量と％がわかっているとき、その部分の量を％で割ると、全体の量が示される**ということです。これは言葉で説明すると難しいように聞こえますが、数式で考えれば簡単にわかるでしょう。

　価格 × 原価率 ＝ 原価

を式変形すると、

原価 ÷ 原価率 ＝ 価格

と同じ概念です。これがわかれば、決して難しい計算ではないと思います。

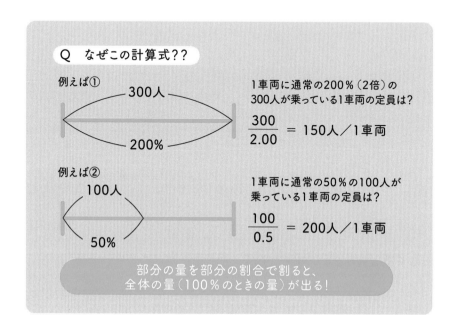

　場合によっては次ページの変換表を見ながら計算してみてください。上から3桁目を四捨五入してざっくり求めてみましょう。

（1）原価率20%で、原価が500円でした。価格はいくらでしょうか？

（2）原価率25%で、原価が35円でした。価格はいくらでしょうか？

（3）原価率90%で、原価が300円でした。価格はいくらでしょうか？

（4）原価率50%で、原価が5000円でした。価格はいくらでしょうか？

（5）原価率30%で、原価が300円でした。価格はいくらでしょうか？

（6）原価率15%で、原価が400円でした。価格はいくらでしょうか？

（7）原価率40%で、原価が600円でした。価格はいくらでしょうか？

（8）原価率70%で、原価が1万円でした。価格はいくらでしょうか？

（9）原価率60%で、原価が1万円でした。価格はいくらでしょうか？

（10）原価率40%で、原価が1万円でした。価格はいくらでしょうか？

（11）原価率10%で、原価が1200円でした。価格はいくらでしょうか？

（12）原価率80%で、原価が100円でした。価格はいくらでしょうか？

（13）原価率35%で、原価が200円でした。価格はいくらでしょうか？

（14）原価率70%で、原価が600円でした。価格はいくらでしょうか？

（15）原価率25%で、原価が1万円でした。価格はいくらでしょうか？

（16）原価率15%で、原価が1000円でした。価格はいくらでしょうか？

（17）原価率45%で、原価が200円でした。価格はいくらでしょうか？

（18）原価率85%で、原価が30円でした。価格はいくらでしょうか？

（19）原価率75%で、原価が3万円でした。価格はいくらでしょうか？

（20）原価率65%で、原価が10万円でした。価格はいくらでしょうか？

原価で価格を決めるときの変換表

「原価にどんな計算をしたら価格になるのか?」その早見表を用意しました。もちろん正確な計算が一番いいのですが、素早く計算する、暗算するときには計算量を減らす必要があるので、より簡易的な計算に変換しています。

これらの割り算と掛け算の組み合わせもパートナーナンバーです。記憶しておくと、計算が楽になります(電卓で計算するとわかりますが、若干値を四捨五入するなど簡易的にしています)。

原価率10%	⇒ ÷0.1	⇔ ×10
原価率15%	⇒ ÷0.15	⇔ ×7(×6.666……)
原価率20%	⇒ ÷0.2	⇔ ×5
原価率25%	⇒ ÷0.25	⇔ ×4
原価率30%	⇒ ÷0.3	⇔ ×3.3(×3.333……)
原価率35%	⇒ ÷0.35	⇔ ×3(×2.857……)
原価率40%	⇒ ÷0.4	⇔ ×2.5
原価率45%	⇒ ÷0.45	⇔ ×2.2(×2.222……)
原価率50%	⇒ ÷0.5	⇔ ×2
原価率55%	⇒ ÷0.55	⇔ ×1.8(×1.818……)
原価率60%	⇒ ÷0.6	⇔ ×1.7(×1.666……)
原価率65%	⇒ ÷0.65	⇔ ×1.5(×1.538……)
原価率70%	⇒ ÷0.7	⇔ ×1.4(×1.428……)
原価率75%	⇒ ÷0.75	⇔ ×1.3(×1.333……)
原価率80%	⇒ ÷0.8	⇔ ×1.25
原価率85%	⇒ ÷0.85	⇔ ×1.2(×1.176……)
原価率90%	⇒ ÷0.9	⇔ ×1.1(×1.111……)

5-9 | Excelの足し算、合っているか検算しよう

Excelや電卓を用いて計算した数字が「何かおかしい」と感じたことのある人は多いのではないでしょうか。きちんとExcelで計算したつもりでも、計算式が間違っていたり、セルの入力そのものが1列ずれていたりすると、全く違う答えが返ってきます。

「計算のシステム」は非常に素直なので、入力したものが一定の計算式を通して出力されるだけです。人間が何かおかしいと思っても、システムはおかしいと思ってくれません。ですから、計算が合っているかどうか、ある程度パッと見てわかるように訓練をしておくとよいでしょう。

少し手間はかかりますが、少ない行数の場合は、上2桁の数字を足していくと、それなりに合っている答えになります。例えば下の足し算です（行数が多い場合にはこの手法は使えません）。

252
1
385
3439
54
8257
756
5463
85
573

左から2つの数だけ足していけばよいので、実質、

2
3
34
82
7
54
5

これだけ足せば近い答えが出てきます。足した結果は「187」ですので、下2桁を0として考えると、18700となります。

　実際のところは、「19265」となります。若干異なりますが、大体合っている数字になります。もう少し近い答えを求めたいのであれば、十の位がある箇所をすべて「0.5」として足していくと、こんな形となります。

2	0.5
3	0.5
34	0.5
	0.5
82	0.5
7	0.5
54	0.5
	0.5
5	0.5

　$0.5 \times 9 = 4.5$ となり、450を足せば19150と、かなり近い数になります。これ以上の手間暇かけて暗算するのであれば、電卓やExcelの計算式を眺めていった方がより正確な値となるでしょう。

他にも、**だいたい同じくらいの数字がずっと足されている時は、適当に**
だいたい真ん中くらいの「平均」っぽい値を出してみて、その値を行数で
掛け算する方法もあります。

　例えば交通費の清算であれば、ある程度同じ額の交通費が比較的多くな
るでしょう（出張の多い場合は、この手法は使えないと思います）。

　以下の足し算でだいたいの値を出してみましょう。

156
244
318
265
304
298
38
44
298
245

　だいたい200が平均っぽい数でしょうか。10個数字が並んでいるので、
だいたい2000くらいであることがわかります。実際に足し算してみると、
2210となります。平均が221なので若干異なりますが、検算するのであ
ればこのくらいの間違いは問題ありません。

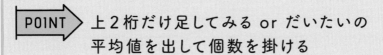

POINT　上2桁だけ足してみる or だいたいの
平均値を出して個数を掛ける

　合っているかどうかを検算してみましょう（解説の通り、すべて計算するのではなく、上位1桁、もしくは、2桁のみ計算、おおよその平均をとってみるなど工夫してみてください）。

	問題1	問題2	問題3	問題4	問題5	問題6	問題7	問題8	問題9	問題10
1	12	235	598	22	2827	12813	98	344	189	11980
2	30	131	863	18	3117	11525	98	257	298	8210
3	10	30	607	66	3717	12975	140	494	218	11123
4	26	43	1299	19	3887	9206	98	87	427	8800
5	40	142	695	42	543	6220	198	619	25	3086
6	10	14	1980	61	2294	3060	298	398	199	5588
7	23	67	1342	19	2680	18290	98	741	111	4184
8	26	113	399	63	137	14129	199	267	379	7980
9	36	69	1598	25	3914	7763	98	695	130	10980
10	35	194	699	37	3050	19139	230	652	318	1890
合計値（問題）	398	10038	10080	372	16166	75120	1555	6014	1456	73821

	問題11	問題12	問題13	問題14	問題15	問題16	問題17	問題18	問題19	問題20
1	138	17408	22	205	690	12	37040	78	3053	558
2	64	9794	7969	21672	30498	69	2667	3112	58059	67
3	449	745	410	244	10	358	568	1403	973	39
4	1819	5233	625	78	14956	8340	7210	552	47	23993
5	45	696	781	64	81	93	46536	509	3680	52
6	9009	64	10	61319	3526	83	88	19	95657	8127
7	450	5313	9587	18736	984	474	13557	5879	8883	478
8	7572	10626	8	350	78	1594	2800	315	303	52
9	90	29	10	36260	6803	31	41	28	5928	10057
10	749	2352	1685	8931	3174	676	8008	5196	4244	6513
合計値（問題）	20385	34910	31107	147859	91790	7480	168515	17091	18827	37936

5-10 | 価格×個数の掛け算、合っているか検算しよう

　掛け算の検算も重要です。大体どのくらいなのか、を踏まえた上で検算します。

　特に、「桁は合っている」という状況を作ることが大切です。ときには2倍以上の誤差が生まれるかもしれないですが、「Excelで計算したら**245万か…。だいたい200万〜300万くらいになるはずだから、大きな間違いはしていないはずだ**」などと確かめることです。

　もちろん、**200万と300万では1.5倍違う**ので大きな誤差のように思えますが、答えが本当は300万なのに対し、**30万と計算してしまった……**というミスとはまったく意味が異なります。これは絶対にやってはいけないミスです。200万と300万はかわいいミスで、もちろんミスは防ぎたいものの、ミスのレベルが全く違うわけです。

　例えば、9800円と値札をつけるところを間違えて、980円としてしまったら大問題です。数千円の損害が生まれてしまいますし、気づくのが100個売れたあとであれば、数十万の大損害になってしまいます。

　見積書や請求書などの金額では1桁間違えないことがとても大事です。電卓やExcelで計算しているから大丈夫……という人も確認作業はしておきたいところです。電卓では打ち間違いはよくありますし、Excelでは、**余計な行や列を消したり挿入することで、計算対象のセルが一つずれ、答えが変わってしまうこともあります。**

POINT ▷ 四捨五入を駆使して素早く検算しよう

例1 ） 2490円の商品が80個売れたら200万円の
売上になりました。合っている？

2490円をそのまま計算すると複雑になってしまいます。ここでは、頭から3桁目を四捨五入することで、2500円として計算します。

2500円×80 ＝ 2.5×1000×8×10
＝ 2.5×8×10000
＝ 20×万 ＝ 20万円

となり、200万円はおかしいことがわかります。

電卓やエクセルなどの計算したものが
ざっと合っているかを検算する
のが目的だから平均とか四捨五入とか
大いに活用しよう！

例2 ） 1980円の商品が約41万個売れたら約8億円
の売上になりました。合っている？

1980円⇒約2000円とし、41万個⇒40万個とわかりやすい数にしてみましょう。

すると、

2000円×40万 ＝ 2×4×1000×10万 ＝ 8×1億 ＝ 8億円

となり、計算が合っているということがわかります。

　もしくは割り算にして計算することももちろんOKです。2000円×40万＝8億円を式変形して

　　8億円÷2000円＝40万

や

　　8億円÷40万＝2000円

となるはずですよね。このように検算してもよいでしょう。

絶対におかしいと言い切るために…

　実は、「この計算は何かがおかしい！」と言い切るためには誤差を考えなければいけない、ということも触れておきたいところです。例えば先ほどの例1を振り返ってみましょう。

　　2490円×80＝200万円？

という計算式でしたが、これを確かめるために、2490を2500に四捨五入をして確認をしていきましたね。このときの誤差はどのくらい発生したのでしょうか。計算してみると、2500÷2490＝1.004　となり、0.4%というわずかな誤差となりました。**この誤差は20万と200万の10倍の違いをもたらすには小さすぎます。**だから、200万はやはりおかしいと言えるわけです。ざっくり計算には必ず誤差が出てくるので、この誤差をどう考えたらよいかは次の章でまた深く学んでいきましょう。

　　以下の計算はだいたい合っている？検算してみましょう。

（1）2490円の商品が80個売れたら200万円の売上になった。

（2）1.5万円の商品が80個売れたら1200万円の売上になった。

（3）498円の商品が500個売れたら25万円の売上になった。

（4）10円の商品が8万個売れたら800万円の売上になった。

（5）1990円の商品が1000個売れたら100万円の売上になった。

（6）35万円の商品が50個売れたら1750万円の売上になった。

（7）7.8万円の商品が1000個売れたら780万円の売上になった。

（8）188円の商品が4000個売れたら80万の売上になった。

（9）1.2万円の商品が189個売れたら2000万円の売上になった。

（10）6980円の商品が1370個売れたら1000万円の売上になった。

（11）980円の商品が800個売れたら80万円の売上になった。

（12）12980円の商品が3000個売れたら2500万円の売上になった。

（13）148円の商品が8800個売れたら1300万円の売上になった。

（14）10万円の商品が365個売れたら36万円の売上になった。

（15）7900円の商品が3万2900個売れたら25億円の売上になった。

（16）990円の商品が5000個売れたら500万円の売上になった。

（17）2万2000円の商品が44万個売れたら480億円の売上になった。

（18）1万4800円の商品が4万個売れたら60億円の売上になった。

（19）2980円の商品が7500個売れたら2200万円の売上になった。

（20）10万4800円の商品が100万個売れたら100億円の売上になった。

COLUMN 4
世界のGDPはどのくらい？

　GDP（国内総生産）という国の経済規模を図るための指標があります。GDPとは、国内で一定期間内に生産されたモノやサービスの付加価値の合計額のことです。

　日本の名目GDPは、562兆円（2022年）となっています。では、私たち国民1人ひとりはどのくらいの付加価値を生み出しているのでしょうか。このGDPをもとに計算してみましょう。

　　562兆円 ÷ 1億2000万 ＝

　この計算は比較的難しいので、頭の数と、桁の計算を分離して計算することがポイントとなります。

　具体的には、頭1桁だけ取ってから計算します。

　つまり、

　　$(5.62 \times 100 兆) / (1.2 \times 1 億) ≒ (5.6 \div 1.2) \times (100 兆 \div 1 億)$

　このように計算すればわざわざ電卓で0を連打しなくて済みますし、慣れると非常に簡単に計算できます。

　答えは、約470万円となります。つまり、日本人1人あたりの付加価値額が年間470万円ということです。もちろん、これは日本人全員で割った値です。実際、子どもや高齢者など働いていない方もいるため、生産年齢人口（15歳〜64歳）で割り算して求めるのも有効な計算です。

コラム　練習問題 5 - A

　四捨五入やパートナーナンバーを利用して、ざっくり計算してみましょう。難しそうに見えますが、うまく計算すれば非常に簡単です。

（1）アメリカのGDPは25兆4600億ドル
　　　人口は3億4000万人として1人あたりGDPは何ドル？

（2）中国のGDPは17兆9600億ドル
　　　人口は14億3000万人として1人あたりGDPは何ドル？

（3）ドイツのGDPは4兆700億ドル
　　　人口は8300万人として1人あたりGDPは何ドル？

（4）インドのGDPは3兆3900億ドル
　　　人口は14億3000万人として1人あたりGDPは何ドル？

（5）イギリスのGDPは3兆700億ドル
　　　人口は6800万人として1人あたりGDPは何ドル？

（6）フランスのGDPは2兆7800億ドル
　　　人口は6500万人として1人あたりGDPは何ドル？

（7）韓国のGDPは1兆6700億ドル
　　　人口は5200万人として1人あたりGDPは何ドル？

https://data.worldbank.org/indicator/NY.GDP.MKTP.CD
https://www.unfpa.org/data/world-population-dashboard

6章

概算による
誤差について
知っておこう

概算をする上で欠かせないのは誤差の考え方です。どのくらいの誤差が発生するのか。その誤差は許せるのか、許せないのか、評価していく必要があります。実践につながる理論を学んでいきましょう。

6-1 四捨五入はどのくらい誤差を生むか？

　誤差を思い切って許した上で概算することの意義を本書ではお伝えしています。**計算を素早くするコツは、無駄な計算をしないことです。正確性を求められない場面では、計算はざっくりでかまわないのです。**

　例えばこんな問題。

　　$59 \times 61 =$

　それぞれ約60の掛け算になるので

　　$59 \times 61 \fallingdotseq 60 \times 60 = 3600$

と出します。

　実際の値は3599ですから、誤差はわずか1、割合にして0.03％程度です。こんなわずかな誤差であれば、思い切って60×60でよさそうですね。

　もっと大きな数の掛け算も、この四捨五入を用いた計算法が応用できます。

　　$1118 \times 1099 \fallingdotseq 1.1 \times 1.1 \times 1000 \times 1000$

とすれば、1.21×100万となり、おおよそ120万になることが素早く算出できます。これを正確に計算すると、答えは1228682になります。

　ここでのポイントは、1118という数をざっくり1100ととらえ、1099も1100と置き換えて計算していることです。つまり、上1〜2桁だけ残すように、上から2桁目や3桁目を四捨五入して計算するのです。

　このテクニックを活用すれば、ある程度の誤差の範囲内で様々な計算が可能となります。ただし、**上1桁のみだと誤差が大きくなる場合もあり、注意が必要です。**例えば、2桁の数に対して、上から2桁目を四捨五入したときの誤差割合を表にしたものが次ページの「上から2桁目誤差早見表」になります。

ご承知の通り、四捨五入とは、1、2、3、4は切り捨てて、5、6、7、8、9は、その桁を0にして次の上の桁に1を加える計算法です。

上から2桁目誤差早見表

元の数字	四捨五入後の数	誤差割合	元の数字	四捨五入後の数	誤差割合	元の数字	四捨五入後の数	誤差割合
11	10	-9.1%	41	40	-2.4%	71	70	-1.4%
12	10	-16.7%	42	40	-4.8%	72	70	-2.8%
13	10	-23.1%	43	40	-7.0%	73	70	-4.1%
14	10	-28.6%	44	40	-9.1%	74	70	-5.4%
15	20	33.3%	45	50	11.1%	75	80	6.7%
16	20	25.0%	46	50	8.7%	76	80	5.3%
17	20	17.6%	47	50	6.4%	77	80	3.9%
18	20	11.1%	48	50	4.2%	78	80	2.6%
19	20	5.3%	49	50	2.0%	79	80	1.3%
20	20	0.0%	50	50	0.0%	80	80	0.0%
21	20	-4.8%	51	50	-2.0%	81	80	-1.2%
22	20	-9.1%	52	50	-3.8%	82	80	-2.4%
23	20	-13.0%	53	50	-5.7%	83	80	-3.6%
24	20	-16.7%	54	50	-7.4%	84	80	-4.8%
25	30	20.0%	55	60	9.1%	85	90	5.9%
26	30	15.4%	56	60	7.1%	86	90	4.7%
27	30	11.1%	57	60	5.3%	87	90	3.4%
28	30	7.1%	58	60	3.4%	88	90	2.3%
29	30	3.4%	59	60	1.7%	89	90	1.1%
30	30	0.0%	60	60	0.0%	90	90	0.0%
31	30	-3.2%	61	60	-1.6%	91	90	-1.1%
32	30	-6.3%	62	60	-3.2%	92	90	-2.2%
33	30	-9.1%	63	60	-4.8%	93	90	-3.2%
34	30	-11.8%	64	60	-6.3%	94	90	-4.3%
35	40	14.3%	65	70	7.7%	95	100	5.3%
36	40	11.1%	66	70	6.1%	96	100	4.2%
37	40	8.1%	67	70	4.5%	97	100	3.1%
38	40	5.3%	68	70	2.9%	98	100	2.0%
39	40	2.6%	69	70	1.4%	99	100	1.0%
40	40	0.0%	70	70	0.0%			

例えば、29という数の上から2桁目を四捨五入するのであれば、2桁目は9ですから、繰り上げて0にして、上の桁に1を加えます。つまり、上の桁が2→3になるので、30になります。

　このときの四捨五入の誤差は、

$$誤差割合 = \frac{四捨五入した後の数}{四捨五入する前の数} - 1$$

として計算します。

$$\frac{30}{29} - 1 = 0.034\cdots$$

となるので、＋3.4％程度の誤差が発生するということです。

上から2桁目誤差早見表からの気づき

　この表を見てみるといろいろと気づくことがあります。

　頭の数が1～3など小さいほど比較的大きな誤差が発生し、7～9など頭の数が大きいほど誤差は小さくなります。そして、上から2桁目の数が4～5などちょうど繰り上がるか、繰り下がるかのところで誤差が一番大きくなります。

　これらを踏まえて、頭の数が9だから四捨五入をしよう、とか、2桁目が1だからそれほど大きな誤差は発生しないよね、ということをなんとなく頭に思い浮かべながら計算すれば、誤差にうまく対応できるでしょう。

　誤差の範囲は、10％程度を目安とするとよいです。人は直感的に、おおよそ10％以内の誤差であれば「なんとなく正しい」と思う傾向があります。もちろん、すべてのシチュエーションでそう言えるわけではありません。ただ、概算を前提としたシチュエーションでは、10％以内に収めた誤差は精度が高いといえます。

　最後に気づきをまとめておきましょう。

- 14.99…⇒10、または、15⇒20のときに最大33%程度の誤差が発生。
- 頭の数が4以下は四捨五入すると10%以上の誤差が出ることもある。
- 特に頭の数が1、2のときは四捨五入すると大きい誤差が発生する。
- 頭の数が5以上のときの四捨五入はすべて10%以内に留まる。
- 頭の数から2桁目が4、5のとき誤差が大きい。

誤差が計算結果にどう影響するか？

　誤差について、それぞれ演算を実施するとどのくらい誤差が影響するのでしょうか。例えば、こんな掛け算、18×22を考えます。

　18×22⇒20×20　に四捨五入してみましょうか？

　それぞれ、18⇒20（誤差＋11.1％）、22⇒20（誤差−9.1％）となります。誤差を足すと、11.1−9.1＝＋2.0となるので、誤差が2％ほどプラスになりそうに思ってしまいますが、実際に計算してみると、

　　18×22＝396

　　20×20＝400

と、＋2％程度ではなく、＋1％の誤差になりましたね。乖離があるようです。つまり、この誤差の見込み計算は間違い。

　実は、四捨五入後の割合のみで計算すると、その掛け算・割り算後の計算誤差がどのくらいになるのかがわかります（誤差＋11.1％⇒111.1％ととらえて、誤差−9.1％⇒90.9％ととらえます）。

　111.1％×90.9％＝101％となって、＋1％であることがちゃんと計算できました。誤差が計算結果に生む影響がわかりますね。割り算も同様に求めることができます。

> 四捨五入について
> こんなに奥深く考えたことはなかったなぁ。
> 誤差の世界、すごいことになってる…！

6-2 | 上3桁目を四捨五入すると正確だけど難しすぎる

　上から3桁目を四捨五入するとどうなるでしょうか。いくつかためしてみて、その誤差の性質を観察していきましょう。

　　2345 ⇒ 2300（−1.9％）
　　9289 ⇒ 9300（＋0.1％）
　　5316 ⇒ 5300（−0.3％）
　　8342 ⇒ 8300（−0.5％）
　　1062 ⇒ 1100（＋3.6％）

　さて、どう感じますか？ **実は、上から3桁目を四捨五入すると、どんな数であっても、誤差は5％以内となります**（最も誤差が発生するのは、「104999……⇒100000……」にするときです）。

　2桁目の四捨五入だと最大33％程度の誤差が発生するのに対し、3桁目だと5％に抑えることができる。素晴らしいことですね。

　ただ、万能のように思えますが、大きなデメリットがあります。その場合、上2桁をすべて計算しなくてはいけません。

　例えば、

　　256×894

を計算する場合、

　上3桁目を四捨五入しますから、次の図のようになって、

260 × 890 ＝

これを計算すればよいことがわかります。かなり難しく感じるのではないでしょうか。なぜなら、2桁×2桁の掛け算を暗算する必要があるからです。このように、上から3桁目を四捨五入すると、より正確性が増しますが、暗算ができなくなってしまうので、これを計算するくらいなら電卓を使った方が早いし、正確…、ということになりかねません。

暗算をするなら、上から2桁目の四捨五入が現実的です。

　ただ、学んだ注意点を意識しながら暗算すると、256は頭の数が2の場合、かつ、上から2桁目が5ですから、四捨五入すると大きい誤差が発生することがわかります。894については頭の数が8で、上から2桁目も9ですから、四捨五入をしても誤差は非常に小さい値に収まるはずです。つまり、

256　⇒　上から3桁目四捨五入

894　⇒　上から2桁目四捨五入

など、四捨五入の注意点を意識しながら暗算するとよいでしょう。

$$256 \times 894 ≒ 260 \times 900 = 2.6 \times 100 \times 9 \times 100$$
$$= 2.6 \times 9 \times 100 \times 100 = 23.4万$$

となります。実際の答えは、22万8864ですから、2.2%ほど大きい値ということになりました。

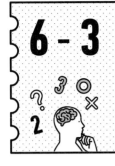

6-3 誤差応用の計算法

　こういった四捨五入を含めて、誤差を許した計算法をすべて認めた概算法を適用すると、もっともっと面白い計算方法が可能になります。

　先ほどと同じ問題について考えてみましょう。

　　$256 \times 894 =$

　例えば、$256 \Rightarrow 260$ に四捨五入すると誤差が小さいことが理解できれば、$256 \Rightarrow 250$ としても大した誤差は発生しないことが想像できると思います。$256 + 4 = 260$ であることに対して、$256 - 6 = 250$ となるので、260 となるときよりも誤差は大きくなるものの、2.3％程度となります。ほとんど誤差が発生しないのです。

　よって、

　　$256 \times 890 \fallingdotseq 250 \times 900 = 1000 \times 900 \div 4 = 90 万 \div 4 = 22.5 万$

くらい？

と出せばどうでしょう。ユニークな計算法ですよね。

　250 × 900 を許せば、2 倍と半分のテクニックを 2 回使ってみるのもよいかもしれませんね。

　　$250 \times 900 = 500 \times 450 = 1000 \times 225$

　このように変形すれば、225 に 0 を 3 つつけるだけで計算できます（千円札が225枚という解釈でもよさそうです）。

ほかに、思い切ってこんな計算方法もあります。四捨五入を大胆に活用して、894⇒1000と置き換えてしまいます。ただし、この場合、10％（正確には12％）程度アップさせてしまっているので、あとで微調整をします。答えを出したあと、10％小さい値に変換してしまうのです。

　　　$256 \times 894 ≒ 250 \times 1000 = 25万$

　　　　　（※ただしこの計算は10％程度大きい値になってしまっている）

と出してから、「**この数は10％増しで出したから、あとで10％減しなくちゃ**」ということで、10％減してしまうのです。すると、

　　　$25万 - 25万 \times 0.1 = 22.5万$

となります。どうでしょう。

　これをさらに応用させて、あとで10％減をせずに、掛けるもう片側について10％減をしてしまうというテクニックもあります。ようは、900⇒1000にする（10％アップする）のだから、250を10％減させてしまう（250 - 25 = 225）のです。

　　　$250 \times 900 ≒ 225 \times 1000 = 22万5000$

　わっ！と驚く計算法ですよね。とても計算が楽しくなってきませんか。誤差を許容すると決めたら、いろいろな計算法が見えてきて、計算の可能性が大きく広がっていくのです。

6-4 2桁をいかに1桁にするか―誤差許容計算法（掛け算ver.）

これまで学んできた通り、2桁の数をいかに1桁にして計算するか、というのは様々なテクニックを応用することができます。先ほど学んだように、単純な四捨五入でもOKです。

今回は掛け算の中で、5種類の方法を見ていきましょう（割り算でも同様に考えることができます）。

2倍と半分のテクニック

$$15 \times 26 =$$

どちらも四捨五入すると大きな誤差が出そうなので、うまく計算ができないかもしれませんが、学んだ通り、2倍と半分のテクニックを活用しましょう。すると、

$$15 \times 26 = 30 \times 13 = 390$$

と簡単に計算できます。

10％アップしたら10％ダウン

$$27 \times 42 =$$

片方の数を10％アップ or 10％ダウンすると、うまく切りのよい数に

なったりする場合があります。例えば27は、10%アップすると、

27 + 2.7 = 29.7 ≒ 30

このように工夫すれば 1 桁になります。しかし、10%アップしたなら、もう片方を10%ダウンしなければ計算のつじつまが合いません。この10%ダウンは非常に簡単です。頭の数を引けばよいのです。例えばもう片方の数が42なら、10%分は、4.2。これなら 4 にしてもあまり誤差はありません。よって、

27 × 42 ≒ (27 + 3) × (42 − 4) = 30 × 38 = 1140

実際の答えは1134ですから、非常に近い答えとなります。

(パートナーナンバーの活用)

84 × 17 =

17を掛け算するには、17 ÷ 100 ÷ 6（17% ≒ $\frac{1}{6}$ となります）を利用します。

84 × 100 ÷ 6 = 1400

実際の答えは1428となり、誤差は 2 ％程度。小さいといえるでしょう。

(同じような数なら勝手に ± α（アルファ）)

38 × 37 =

計算が大変なように思いますが、38に 2 を足したら40になりますね。この割合はおおよそ5.3％分です。片方だけに 2 を足すのはよくないので、37の方は 2 を引いてみるのはどうでしょう。

38と、37はおおよそ同じ大きさですから、この 2 を足したり引いたりすることはおおよそ割合としては変わらない（37に対しての 2 は5.4％程

度)ので、ー2にしてしまいましょう。すると、

$$(38＋2)×(37－2)＝40×35＝1400$$

となって、実際の値は1406ですから、ほぼ変わらない値となりました。**ただし、この足すときの値の元の数に対する割合が大きすぎると計算結果が大きく変わってしまうため、10％程度にとどめることをおすすめします。**

勝手に±α％

$$95×21＝$$

　この計算も華麗に桁数を減らせます。例えば、95を100にするためには、おおよそ５％アップすればいいことがわかります（95の５％は、4.75ですから、５％アップすれば、おおよそ100になる）。

　よって、21の方を５％下げればうまく調整できます。21の10％が2.1ですから、５％はその半分の１（正確には1.05)になります。よって、

$$95×21≒(95＋5)×(21－1)＝100×20＝2000$$

となります。実際の答えは、1995ですから、極めて近い答えが出ました。

　ちなみに、この±α％の方法は15％以上離れた割合で行なうと計算の差が大きくなってしまうので、〜10％程度で計算するのがおすすめです。

　もっとも、この方法は計算の感覚がかなり身についていないとすぐに使いこなすのは難しいかもしれません。

　上から２桁の誤差早見表を見ながら、四捨五入をしたときの誤差の感覚を頭の中に入れておくと、いろいろな計算がしやすくなります。

　以上、様々な掛け算で使える概算手法についてご紹介しました。実はまだいろいろな方法があります。これらは一部です。次は割り算の計算法も見ていきましょう。

6-5 | 2桁をいかに 1桁にするか ──誤差許容計算法 （割り算ver.）

2桁÷2桁の割り算を、うまく2桁÷1桁に直す方法についても気になる方がいらっしゃるのではないでしょうか。四捨五入を活用することを前提として工夫するといろいろな方法があります。

ここでは割り算の中で5種類の方法を見ていきます。

分子分母数倍テクニック

$$135 \div 15 =$$

分子分母を2倍しましょう。すると、

$$270 \div 30$$

となって約分すれば、

$$27 \div 3 = 9$$

と簡単にできましたね。

順番割り算テクニック

$$270 \div 15 =$$

いきなり割るのは難しい。でも、「÷15」は「÷3」からの「÷5」でも同じ15等分になります。

$$270 \div 3 \div 5 = 90 \div 5 = 18$$

となるわけです。

分子分母10％アップ

$$38 \div 18$$

難しそうに見えますが、**割り算は約分の特性上、分子分母を同じ割合分アップしたり、ダウンしても同じ答えが出てくるので**これを使います。

今回は、10％アップすると分母が20になりそうなので、10％アップしてみます（掛け算の場合は、片方10％アップしたら、片方は10％ダウンしなければいけませんでした）。

分子：38　⇒　42（正確には、41.8）
分母：18　⇒　20（正確には、19.8）

となります。よって、

$$38 \div 18 \fallingdotseq 42 \div 20 = 2.1$$

実際の答えは、2.111……となりますから、誤差0.5％です。

パートナーナンバーの活用

$$60 \div 17 =$$

まず、おおよそ20で割っていますから、だいたいの答えは３くらいと見当をつけた上で、頭の数を計算します。17のパートナーナンバーは６

でしたね。よって

$$60 \times 6 = 360$$

となります。あとは桁を調整します。

36 ？

3.6 ？

0.36 ？

と考えると、答えは3.6だとわかります。正確には3.53なので、誤差2％となります。

同じような数なら勝手に $\pm \alpha$ （アルファ）

$$39 \div 37$$

分子分母が同じような数であれば、分子分母を勝手にいくつか足したり、引いてもそれほど値は変わりません。今回の39と37は近い数なので、いくつか足したり、引いたりしてみましょう。

分母の37を40にできたら楽になりそうなので、＋3にしてみましょう。分子もバランスをとるために＋3をします。すると、

$$\frac{42}{40} = \frac{21}{20} = 1.05$$

と、簡単に答えを出すことができました。実際の答えは1.054となり、ほとんど変わらない値となりました。誤差0.4％程度です。ただし、この足すときの値の元の数に対する割合が大きすぎると計算結果が大きく変わってしまうため、10％程度にとどめることをおすすめします。

81 ÷ 63

　非常に難しい割り算のように思えますが、63を5％分減らすと、60くらいになりそうです（63の10％分が6.3。その半分である5％分が3.15となります。引き算すれば59.85となります）。

　よって81も5％分を減らします。81の5％は4となりますから（81の10％は8.1となり、その半分は4.05）、

81 ÷ 63 ≒ 77 ÷ 60 = 1.2833……

となります。実際の答えは1.2857……となり、非常に近い値となりました。

　これらの方法を組み合わせると、もっとユニークな計算方法も可能となりますね。

6-6 | 概算を使いこなしていくために

　これまで様々なシチュエーションでの様々な計算・概算の方法を見てきました。

　ざっくり計算を許せば、正確性は少し損なってしまいますが、素早く答えが出せます。

　おすすめの方法は、バランスを考えて概算することです。

・2桁×2桁 ⇒ 難易度が高くなり、計算に時間がかかる
・2桁×1桁 ⇒ 難易度も適切で、慣れるとスピード早く計算ができる
・1桁×1桁 ⇒ 一般的に誤差が大きくなってしまうが桁は合っているくらいの概算ができる

ということです。

　ぜひ、この概算を正確な計算の補助として役立ててください。概算を駆使すれば、計算が頭の中だけで処理できるようになり、無意識で計算ができるようになります。

　思わぬところでパッと計算して答えを出す。頭の中でシミュレーションを実施する。日々の習慣の中で概算・暗算を駆使すれば、データセンスが身についていきます。

それはズバリ100万ですね！
（今日もまた概算を活用してしまった…）

データセンスある…！

スゲェ！

かっこいい！

2倍と半分のテクニックは実は応用範囲が広い

2倍と半分のテクニック、学びましたね。

$$24 \times 18 = 48 \times 9 = 432$$

にするなど、2桁×2桁を2桁×1桁にする計算テクニックのことです。実はこの計算、ある数の掛け算のときにしか使えません。それが、半分になると1桁になる数、例えば、

12、14、16、18

と、2倍になると1桁になる数

15、25、35、45

などです。

限られた一部の数のように見えますが、実はいろいろなシチュエーションでこの計算法は活用できます。

その理由は、世の中にある数の偏りです。世の中にある数は、実は非常に偏っています。これは「ベンフォードの法則」と呼ばれます。

頭の数の割合の分布

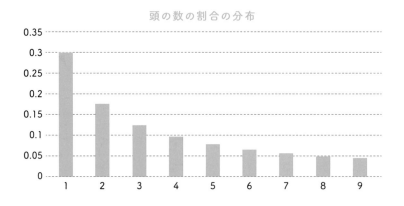

ベンフォードの法則は、世の中にある様々な数の出方を示しています。驚くべきは頭の数が「1」の割合です。実に、30％の割合で1が出てきます。つまり、世の中にある数の出方には偏りがあると同時に、頭の数が1の数をもっと計算する必要があるということを意味します。我々はまんべんなく計算練習をしてきましたが、実は最も多く計算練習すべきは1なのです。

　ちなみに、なぜこのような分布になるかといえば、ごく簡単に言えば、世の中が足し算ではなく、掛け算的にできていることと関係しています。

　シミュレーションしてみるとわかりやすいでしょう。1、2、4、8、…と数を2倍にし続けてみてください。たしかに、頭の数は1が多く出てきます。逆に、7、8、9はほとんど出てこないことに気づくはずです（数学の分野であれば対数の理解が必要となります）。

1	2048
2	4096
4	8192
8	16384
16	32768
32	65536
64	131072
128	262144
256	524288
512	1048576
1024	

21個中7個の頭が
1になっている

$\dfrac{7}{21}$ なので

33%

　このような分布になるのは、人口分布や住所の番地、ニュースに出てくる数字や株価など特定の数値においてです。

　もちろん、すべての現象においてこの分布が適用されるわけではありませんが、例えば我々の身長であれば1m台（つまり、頭の数が1）の人ばかりです。

　このように頭の数に1が多いと、2倍と半分のテクニックが活用できたり、11の掛け算のテクニックも応用できます。

解 答 と 解 説

(1) 280万1409
(2) 816万7000
(3) 407万
(4) 7400万
(5) 10億5500万
(6) 3億515万6269
(7) 50万1000
(8) 345万
(9) 77億500万
(10) 4兆7770億
(11) 6483万3298
(12) 5億4012万3000
(13) 56万7000
(14) 330万
(15) 58万
(16) 51億4万4000
(17) 10億
(18) 4000億
(19) 4567万8001
(20) 500万
(21) 90万100
(22) 62万
(23) 6万550
(24) 10億4278万6505

一、十、百、千、万…って数え
てしまっていませんか？ 千、
百万、十億、一兆とカンマで読
むのでしたね！

1-2

(1) 300万
(2) 3000万
(3) 6億
(4) 12億

(5) 6000万
(6) 2100億
(7) 1億2000万
(8) 90億
(9) 7200億
(10) 2兆4000億

1-3

(1) 1億
(2) 1000億
(3) 100万
(4) 10万
(5) 1000万
(6) 1億
(7) 1000万
(8) 10億
(9) 1万
(10) 1000億
(11) 1兆
(12) 10億
(13) 100万
(14) 10万
(15) 100億
(16) 1000億
(17) 10兆
(18) 1000万
(19) 100億
(20) 10億
(21) 10兆
(22) 10兆
(23) 100兆
(24) 1000兆

「万」を見たら、0の個数が4個。
「億」を見たら8個、「兆」は12
個と解釈して、0の個数を足して
いって答えを求めてみましょう。

1-A

(1) 12個
(2) 10個
(3) 4個
(4) 2個
(5) 11個
(6) 6個
(7) 3個
(8) 13個
(9) 7個
(10) 8個
(11) 14個
(12) 1個
(13) 9個
(14) 15個

1-B

(1) 10万
(2) 1兆
(3) 1000万
(4) 100億
(5) 100
(6) 10億
(7) 100兆
(8) 100万
(9) 1000
(10) 1億
(11) 1000億
(12) 1000兆
(13) 1万
(14) 10兆

1-C

(1) 万
(2) 百万

(3)　億
(4)　百億
(5)　兆
(6)　百兆
(7)　兆
(8)　億
(9)　百万
(10)　億
(11)　十兆
(12)　千万
(13)　百億
(14)　千万
(15)　十億
(16)　億
(17)　十兆
(18)　百億
(19)　百兆
(20)　十兆

1-4

(1)　80億
(2)　1兆
(3)　600万
(4)　810万
(5)　3億5000万
(6)　12億
(7)　2億5000万
(8)　240億
(9)　8万
(10)　3兆6000億
(11)　21兆
(12)　160億
(13)　2000万
(14)　60万
(15)　2800億
(16)　6兆4000億
(17)　60兆
(18)　4000万
(19)　5600億
(20)　180兆

(2) 一気に計算しようとすると桁

の間違いが発生しやすいので、頭の数と分離して計算しましょう。
(4) 90を掛けるだけなので、0を片側に移行してあげてから頭の数を掛ければ簡単に答えが出ます。90×9万＝9×90万＝810万
(5) 2倍と半分のテクニックを使ってみるのもよいでしょう。70万×500＝35万×1000

1-5

(1)　1800万円
(2)　2700万円
(3)　9000万円
(4)　1億8000万円
(5)　5億4000万円
(6)　7200万円
(7)　4500万円
(8)　9億円
(9)　630万円
(10)　3億6000万円
(11)　9000万円
(12)　7200万円
(13)　9000万円
(14)　2億7000万円
(15)　5億4000万円
(16)　6億3000万円
(17)　8100万円
(18)　2700万円
(19)　1080万円
(20)　1億9800万円

1-6

(1)　160万円
(2)　400万円
(3)　90万円
(4)　180万円
(5)　189万円
(6)　400万円
(7)　600万円
(8)　300万円

(9)　900万円
(10)　480万円

なかなか大変な計算ですが、慣れてくればメモなしの暗算で解けるはず！
(1) 1日あたりのお客様数＝席数×回転率ですので、10席×10回転／日＝100人として計算できますね。焦らず一つ一つ計算しながら求めましょう。
(6) 前の問題と同様に、まずはお客様の人数が求めましょう。10席×2回転／時×10時間＝200人

1-7

(1)　10億人
(2)　10万人
(3)　100人
(4)　10万人
(5)　1000万人
(6)　1億人
(7)　10人
(8)　1000万人
(9)　1万人
(10)　1億人
(11)　1000人
(12)　1億人
(13)　1000万人
(14)　10万人
(15)　100万人
(16)　1000人
(17)　10万人
(18)　1000万人
(19)　100万人
(20)　10億人

1-D

(1)　百
(2)　十
(3)　十

(4) 万
(5) 百万
(6) 万
(7) 千万
(8) 千
(9) 百
(10) 十億
(11) 千万
(12) 千
(13) 百万
(14) 十万
(15) 十億
(16) 百万
(17) 十億
(18) 千
(19) 十
(20) 千億

1-8

(1) 600万人
(2) 200万人
(3) 30万人
(4) 4億人
(5) 500万人
(6) 1万人
(7) 40人
(8) 20億人
(9) 2万人
(10) 5000万人
(11) 500人
(12) 2500人
(13) 20万人
(14) 20万人
(15) 50人
(16) 25万人
(17) 50万人
(18) 10億人
(19) 500人
(20) 200万人

(2)通常通り解いてもよいですし、

分子分母を10倍して、「200兆／億＝200万」と簡単に答えを出してもよいでしょう。
(7)「億」で約分すれば80／2となりますね。
(12)頭の数が5÷2＝2.5となり、整数値にならない答えが出てきます。現実ではよくあるシチュエーションです。

1-9

(1) 270人
(2) 4000人
(3) 1000人
(4) 1.1万人
(5) 1700人
(6) 3600人
(7) 2.7万人
(8) 3.2万人
(9) 10万人
(10) 1.9万人
(11) 810人
(12) 2万人
(13) 4000人
(14) 1.6万人
(15) 2000人
(16) 8万人
(17) 8.1万人
(18) 160人
(19) 3000人
(20) 2.2万

(1) 365日営業の場合、「÷1000×2.7」でしたね。
(2) 250日営業の場合、「÷1000×4」でしたね。
(3) 300日営業の場合、「÷1000×3.3」or「÷100÷3」でしたね。

1-10

(1) 3%
(2) 0.1%
(3) 0.05%
(4) 0.02%
(5) 2.5%
(6) 0.4%
(7) 15%
(8) 0.01%
(9) 0.05%
(10) 0.4%

2-1

(1) 3
(2) 7
(3) 7
(4) 10
(5) 9
(6) 11
(7) 12
(8) 16
(9) 11
(10) 15
(11) 13
(12) 16
(13) 12
(14) 17
(15) 14
(16) 13
(17) 11
(18) 15
(19) 16
(20) 10

2-2

(1) 9
(2) 6
(3) 8
(4) 7

(5) 11
(6) 14
(7) 8
(8) 9
(9) 13
(10) 6
(11) 8
(12) 3
(13) 13
(14) 5
(15) 8
(16) 9
(17) 12
(18) 5
(19) 4
(20) 7

2-4

(1) 36
(2) 270
(3) 68
(4) 238
(5) 178
(6) 440
(7) 390
(8) 189
(9) 258
(10) 291
(11) 531
(12) 203
(13) 176
(14) 370
(15) 195
(16) 376
(17) 297
(18) 104
(19) 126
(20) 546

2-5

(1) 180
(2) 270
(3) 400
(4) 490
(5) 810
(6) 300
(7) 330
(8) 720
(9) 420
(10) 630
(11) 144
(12) 224
(13) 594
(14) 208
(15) 756
(16) 3500
(17) 3720
(18) 770
(19) 13500
(20) 288

(12) 16×14 は、どちらを半分にしても、2倍にしてもよさそうです。$16 \times 14 = 32 \times 7 = 8 \times 28$ どちらも導けますね。
(18) $14 \times 55 = 7 \times 110$ で考えることができそうです。

2-6

(1) 154
(2) 880
(3) 242
(4) 792
(5) 35.2
(6) 72.6
(7) 56.1
(8) 46.2
(9) 80.3
(10) 41.8
(11) 979
(12) 737

(13) 4840
(14) 8360
(15) 10010
(16) 935
(17) 5720
(18) 7040
(19) 85.8万
(20) 1078万

2-7

(1) 3
(2) 9
(3) 28
(4) 15
(5) 4
(6) 11.5
(7) 8.8
(8) 15
(9) 44.5
(10) 20
(11) 80
(12) 270
(13) 170
(14) 115
(15) 280
(16) 76
(17) 25
(18) 105
(19) 106
(20) 2100

(19) $530 \times 0.2 = 530 \div 5$ となって暗算するに難しそうに見えますが、$500 \div 5 = 100$ と、$30 \div 5 = 6$ と分解して計算をすればよさそうですね。

2-8

(1) 2.4
(2) 8.1

(3) 2.3
(4) 0.3
(5) 16
(6) 3.92
(7) 0.75
(8) 4.98
(9) 22.5
(10) 34
(11) 0.09
(12) 1.5
(13) 3.2
(14) 1.3
(15) 0.27
(16) 2.13
(17) 0.112
(18) 0.405
(19) 0.037
(20) 0.081

（1）6 × 0.4は「6が40 ％」、という解釈でもよいですが、「40％が6個」ととらえた方が間違えにくいです。
（3）0.1を掛けることは1桁小さくするという意味でしたね。
（4）60％が半分、と考えるとわかりやすいです。
（7）0.25を掛けると、4で割る! と瞬間的に考えそうですが、25％が3個、と考えた方が、すんなり答えが出ます。
（11）1%が9個と考えたらOKですね。

2-9

(1) 3…2
(2) 7…5
(3) 7…8
(4) 5…5
(5) 2…6
(6) 2…1

(7) 5…3
(8) 7…4
(9) 8…3
(10) 6…1
(11) 8…2
(12) 5…4
(13) 6…5
(14) 8…6
(15) 2…2
(16) 6…3
(17) 2…1
(18) 7…6
(19) 4…2
(20) 6…1
(21) 3…1
(22) 7…4
(23) 3…3
(24) 7…7

2-10

(1) 1/3
(2) 1/3
(3) 3/5
(4) 7/9
(5) 2/7
(6) 1/4
(7) 1/25
(8) 4
(9) 1/3
(10) 1/30
(11) 1/100
(12) 10
(13) 1/5
(14) 1/2
(15) 250
(16) 1/4
(17) 5
(18) 50
(19) 40
(20) 50

2-11

(1) 5
(2) 2
(3) 4
(4) 3
(5) 20
(6) 100
(7) 40
(8) 3
(9) 8
(10) 180
(11) 6
(12) 40
(13) 600
(14) 1000
(15) 2200
(16) 0.2
(17) 0.15
(18) 3
(19) 20000
(20) 70

2-12

(1) 320
(2) 5
(3) 27
(4) 2
(5) 30
(6) 0.3
(7) 75
(8) 30
(9) 0.8
(10) 0.62
(11) 20
(12) 0.16
(13) 320
(14) 0.2
(15) 0.02
(16) 38
(17) 0.7

(18) 0.08
(19) 5
(20) 0.9

（2）0.6で割ることは2倍くらいでしたね。答えは3×2＝6に近い答えになりそうだ、と思いながら計算するとよいです。
（4）5÷2.5は分子分母を2倍すると簡単ですね。
（8）1.2で割っているということは、ちょっと小さくする、という意味になります。
（10）0.05で割ることは、「÷0.1÷0.5」と分解できますから、それぞれ10倍と2倍ということ。よって、20倍する、ということですね。
（16）例2でも登場したこの問題ですが、分子分母を4倍してみましょう。するとあら不思議。380÷10という問題になって一瞬で解けます。工夫次第で一気に簡単になりますね。

2-13

(1) 20%
(2) 50%
(3) 6.7%
(4) 14%
(5) 10%
(6) 2%
(7) 2.5%
(8) 8.3%
(9) 33%
(10) 7%
(11) 17%
(12) 4%
(13) 9%
(14) 25%
(15) 12.5%

(16) 5%
(17) 11%
(18) 3%
(19) 7.7%
(20) 3.3%

2-14

(1) 11
(2) 4
(3) 33
(4) 3
(5) 12
(6) 9
(7) 40
(8) 7
(9) 2
(10) 14
(11) 5
(12) 15
(13) 10
(14) 8
(15) 17
(16) 20
(17) 25
(18) 50
(19) 30
(20) 6

2-15

(1) 1.1
(2) 2
(3) 1.4
(4) 2.5
(5) 1.7
(6) 10
(7) 1.25
(8) 3.3
(9) 5
(10) 0.9
(11) 0.7

(12) 0.6
(13) 40
(14) 0.3
(15) 17
(16) 0.08
(17) 50
(18) 20
(19) 0.014
(20) 0.0011

（1）0.9で割っているということは、ちょっと数を大きくする！そんなイメージを持ちましょう。
（10）1.1で割っているので、若干数を小さくする、ということですね。（分母を1にしたときに答えが出てくるので、1.1はちょっと小さくしないと1に近づかない。だから、分子もちょっと小さくするという論理になります。）
（13）0.025、すごく小さい数で割っていますが、「÷0.025⇒÷0.1÷0.25」の2つの割り算の組み合わせなので、それぞれ10倍、4倍と解釈できます。よって、40倍になります。

2-16

(1) 83%
(2) 86%
(3) 89%
(4) 91.7%
(5) 91%
(6) 75%
(7) 98%
(8) 93%
(9) 67%
(10) 96%
(11) 0.83倍
(12) 2倍
(13) 1.4倍

(14) 1.4倍
(15) 0.6倍
(16) 1.25倍
(17) 0.7倍
(18) 0.4倍

（1） 5/6 ＝ 1 － 1/6 と考えてみれば、1／6＝17％であることから、その補数である83％と答えが出ますね。

（11）少しわかりづらい問題文ですが、同じ地点まで行くのに（距離が一定のとき）、いつもより時間がかかった（時間を120％（1.2）にすると）と考えてみましょう。速さは明らかに遅くなっていますね。このイメージを持って計算に取り組めば間違えにくいです。速さ×時間＝距離の公式を用いれば、速さ×1.2 ＝ 1 となって、1.2のパートナーナンバーである、0.83（83％）が答えとなります。

（13）「時間が30％ダウン」というのは、今まで10時間かかっていたものが7時間で到着するようになったということですね。つまり、70％になった、ということと一緒です。よって、より速いスピードで到着するようになったのですね。

4-1

(1) 585
(2) 717
(3) 298
(4) 3839
(5) 823
(6) 6618
(7) 760
(8) 62

(9) 47
(10) 691
(11) 544
(12) 4975
(13) 911
(14) 95
(15) 405
(16) 4764
(17) 8210
(18) 50
(19) 7400
(20) 1584

4-2

(1) 100円
(2) 3000円
(3) 589円
(4) 29円
(5) 850万円
(6) 39円
(7) 4円
(8) 5000円
(9) 7000円
(10) 2.5万
(11) 1980円
(12) 3円
(13) 100円
(14) 190円
(15) 640円
(16) 100円
(17) 16円
(18) 150円
(19) 9.8円
(20) 8円

4-3

(1) 1400円
(2) 108円
(3) 784円
(4) 990円

(5) 750円
(6) 175円
(7) 261円
(8) 340円
(9) 585円
(10) 8820円
(11) 3600円
(12) 4500円
(13) 14500円
(14) 1200円
(15) 3850円
(16) 81000円
(17) 2850円
(18) 3080円
(19) 66万円
(20) 5400円

4-4

(1) 3300円
(2) 1500円
(3) 3000円
(4) 4000円
(5) 4000円
(6) 2500円
(7) 5000円
(8) 4000円
(9) 3500円
(10) 2000円
(11) 900円
(12) 900円
(13) 3000円
(14) 4000円
(15) 4400円
(16) 2400円
(17) 6400円
(18) 2800円
(19) 5100円
(20) 1100円
(21) 1800円
(22) 3100円
(23) 1000円

（24）8200円
（25）1400円
（26）1200円
（27）3000円
（28）5000円
（29）1400円
（30）3900円

（16）50人で割る、という桁の計算を間違えそうになりますが、10で割ってから、5で割ってみましょう。桁の間違いを極力抑えながら計算できます。

（30）もちろん50で割っていただいてOK。ただ、19.5万をざっくり20万としてとらえて「÷50」をまず計算。そこから約5000円を引いた値が正確なものとなるので、5000÷50＝100円を引いて正確な値に近づけるというのも一つですね。ただ、現実的には3900円を徴収するのも面倒なので、1人4000円徴収して、1人を無料にさせてしまう（さらに1000円余裕ができます）というのもお金徴収のテクニックですね（笑）。

（1）120円
（2）9100円
（3）528万円
（4）30円
（5）29.8万円
（6）45.5万円
（7）10780円
（8）9100万円
（9）9900万円
（10）100万円
（11）3190円
（12）100円

（13）55円
（14）1820円
（15）7.48万円
（16）637円

（1）2時間
（2）120分
（3）0.5時間
（4）90分
（5）0.4時間
（6）72分
（7）2.5時間
（8）294分
（9）2.1時間
（10）480分
（11）1.33時間
（12）13.2分
（13）0.8時間
（14）138分
（15）6.67時間
（16）600分
（17）0.05時間
（18）720分
（19）0.33時間
（20）228分

（1）3000m
（2）0.15km
（3）1万cm
（4）0.25m
（5）450mm
（6）92.5cm
（7）5.5m
（8）20mm
（9）0.38km
（10）5万mm
（11）42195m
（12）0.0205km

（13）800cm
（14）1.75m
（15）5mm
（16）2.9cm
（17）10m
（18）1600mm
（19）0.666km
（20）314万mm

（1）9.9m^2
（2）3.6坪
（3）1900万m^2
（4）0.1km^2
（5）82.5m^2
（6）30坪
（7）1万m^2
（8）0.005km^2
（9）2.64m^2
（10）1.2坪
（11）210万m^2
（12）7.5km^2
（13）990m^2
（14）18坪
（15）300万m^2
（16）2.7万坪
（17）36.3m^2
（18）30万坪
（19）3000m^2
（20）3.3km^2

（3）km^2⇒m^{2}の変換は100万倍でしたね！
（18）km^{2}から坪への変換については、まずは、m^{2}に直してから坪に変換していきましょう。1km^2⇒100万m^{2}ですね。あとは坪に直せばOK。

（1）　分速60m
（2）　分速720m
（3）　時速30km
（4）　時速60km
（5）　時速7.2km
（6）　時速36km
（7）　分速150m
（8）　分速2km
（9）　秒速200m
（10）　秒速3m
（11）　秒速10m
（12）　秒速100m
（13）　分速240m
（14）　分速450m
（15）　時速10.8km
（16）　時速150km
（17）　時速360km
（18）　時速32.4km
（19）　分速17km
（20）　分速1.3km

（6）秒速10mはウサイン・ボルトよりちょっと遅いくらいの速さですね。100m10秒のペースです。
（19）マッハ1（音速）が時速約1200kmとなりますので、もうすぐ音速となりますね。ちなみにジャンボジェット機のスピードは時速1000km前後になります。

（1）　360km
（2）　48km
（3）　42km
（4）　時速30km
（5）　時速5km
（6）　時速45km
（7）　2時間

（8）　8時間
（9）　5時間
（10）　2km
（11）　19.2km
（12）　1.8km
（13）　分速2.1km
（14）　時速5.5km
（15）　時速80km
（16）　30分
（17）　50秒
（18）　5分
（19）　72km
（20）　時速108km

（11）分速80mは大人が歩くときのだいたいのスピードです。
（13）10秒で350m進んだ、ということは、1秒あたりに進んだ距離は35mですね。他のやり方としても、1分（60秒）まで6倍の時間が進む必要がありますので、距離も6倍になるはずです（比の問題として解けますね）。よって、350m×6＝2100m（2.1km）となります。
（20）焦らず、秒速を求めてから計算してみましょう。40秒で1.2kmということは、1秒あたりで1.2÷40＝0.03km（30m）となりますね。

（1）　15000円
（2）　22500円
（3）　75000円
（4）　27000円
（5）　16万5000円
（6）　1000円
（7）　500円
（8）　1700円
（9）　3700円

（1）　36万円
（2）　96万円
（3）　78万円
（4）　138万円
（5）　216万円
（6）　54万円
（7）　168万円
（8）　450万円
（9）　4800万円
（10）　180万円
（11）　54万円
（12）　84万円
（13）　126万円
（14）　264万円
（15）　180万円
（16）　32.4万円
（17）　480万円
（18）　108万円
（19）　9600万円
（20）　204万円

（6）3年間の金額を求めるときには、1年分を求めてからそれを3倍、という方法と、一気に求める方法（12カ月×3年＝36カ月）として計算する方法があります。
（13）10.5万という3桁の計算も、2倍したら21万と2桁の計算になります。よって、1年の家賃＝10.5万×12＝21万×6＝126万として計算できます。
（16）月9000円というのが計算しにくいところ。簡単に解く方法をご紹介します。まずは、月1万円にして解きます。すると、3年間で36万円と簡単に計算できるのですが、そこから1割引いてしまいます。1万⇒9000円が

1割引きになっていますから、32.4万円と計算できますね。

4-13

(1) 9万円
(2) 15万円
(3) 18万円
(4) 20万円
(5) 25万円
(6) 2400円
(7) 2100円
(8) 1200円
(9) 3000円
(10) 5000円

4-14

(1) 240万円
(2) 360万円
(3) 480万円
(4) 540万円
(5) 252万円
(6) 576万円
(7) 400万円
(8) 300万円
(9) 600万円
(10) 1000円
(11) 1500円
(12) 3500円
(13) 42万円
(14) 28万円
(15) 54万円

(14)賞与が2カ月分ということですから月給の14カ月分が年収となります。400万÷14となりますが、パートナーナンバーを使えば、7%分を求めることと一緒ですから、400万×7%＝28万円と簡単です。

(15)月給の17カ月分が年収となります。よって、900万÷17＝900万×6%＝54万と計算できます（パートナーナンバーの表を眺めてみましょう）。

5-1

(1) 27万円
(2) 290万円
(3) 5000万円
(4) 1.6億円
(5) 94万円
(6) 58万円
(7) 30万円
(8) 100万円
(9) 5100万円
(10) 350億円
(11) 550万円
(12) 50万500円
(13) 12万円
(14) 33万円
(15) 40万円
(16) 220万円
(17) 1600円
(18) 2800円
(19) 2000万8000円
(20) 50600円

(1)2つの数の平均だとちょうど間の数が平均になるので、24万と30万の間ですから、27万になりそうです。

(6)63万、53万、58万と3つの数の平均を求めます。頭の中で3つの棒グラフをイメージするとよいかもしれません。58万をちょうど間として、63万が＋5万、53万が−5万となっているので、58万がちょうど平均値であることがわかります（棒グラフを平らに均すイメージです！）。

5-2

(1) 110万円
(2) 1400万円
(3) 750万円
(4) 10.8億円
(5) 4000万円
(6) 5.4億円
(7) 25%アップ
(8) 10%アップ
(9) 3倍
(10) 1.2倍
(11) 1.5倍
(12) 14万円
(13) 68億円
(14) 1000万円
(15) 25%ダウン
(16) 400%
(17) 60億円
(18) 8.4億円
(19) 1080万円
(20) 2970万円

(13)15%をどうやって計算するか？ もちろん、そのままかけても大丈夫ですが、不安な方は、10%＋5%として、10%（1桁ずらした値）、5%（その10%の半分）を足したものとして計算してもよいでしょう。

(17)2割上がってから、2倍になった。ということですが、順番に計算しましょう。25億が2割上がると？ 25億×20%＝25億÷5＝5億。よって、25億⇒30億にアップ。そこから2倍になったということです。

5-3

(1) 1100万円
(2) 120万円

(3) 505万円
(4) 9億1800万円
(5) 2520万円
(6) 9億円
(7) 2020万円
(8) 1440万円
(9) 210万円
(10) 9億3500万円
(11) 4500万円
(12) 20万4000円
(13) 84億円
(14) 4040万円
(15) 1億5000万円
(16) 51万円
(17) 27億5000万円
(18) 4億8000万円
(19) 672万円
(20) 3030万円

5-4

(1) 60円
(2) 350円
(3) 50%
(4) 99%
(5) 60%
(6) 48000円
(7) 7800円
(8) 67%
(9) 20%
(10) 50%
(11) 4455円
(12) 42500円
(13) 14万2500円
(14) 88%
(15) 55%

(4)原価率と粗利率は合わせて
100%になるので、原価率が
1%なら粗利率は99%ですね。
売値は関係ありません。
(15)約分して解いてももちろん

OK。気づきにくいのですが、
81万＝90万－9万になってい
るということに気づけば素早く解
けます。90万は180万の50%
分、9万はその1桁ずれた形に
なるので5%分となりますね。よっ
て、50％－5%＝45％と原価
率が出てきました。

5-5

(1) 83万円
(2) 250万円
(3) 4.2万円
(4) 8300万円
(5) 170万円
(6) 6600万円
(7) 580万円
(8) 500万円
(9) 3.3億円
(10) 830億円
(11) 420億円
(12) 75万円
(13) 5.8億円
(14) 330万円
(15) 1700億円
(16) 250億円

5-6

(1) 1万人中1人
(2) 100人中1人
(3) 1000人中1人
(4) 10人中1人
(5) 50人中1人
(6) 200人中1人
(7) 2500人中1人
(8) 3.3人中1人（3人中1人）
(9) 500人中1人
(10) 20人中1人
(11) 3300人中1人
(12) 5人中1人

(13) 330人中1人
(14) 25人中1人
(15) 5000人中1人
(16) 2人中1人
(17) 33人中1人
(18) 2000人中1人
(19) 250人中1人
(20) 2.5人中1人

5-7

(1) 1万人
(2) 1万人
(3) 200人
(4) 5万人
(5) 1万人
(6) 8000人
(7) 40万人
(8) 300人
(9) 60人
(10) 10人
(11) 2.1万人
(12) 2000万人
(13) 500人
(14) 120人
(15) 140人
(16) 160万人
(17) 8万人
(18) 14人
(19) 3万人
(20) 810万人

5-8

(1) 2500円
(2) 140円
(3) 330円
(4) 1万円
(5) 1000円
(6) 2700円
(7) 1500円
(8) 1.4万円

(9) 1.7万円
(10) 2.5万円
(11) 1.2万円
(12) 130円（125円）
(13) 600円
(14) 840円
(15) 4万円
(16) 7000円
(17) 440円
(18) 36円
(19) 4万円
(20) 15万円

5-9

(1) ×（正しくは248）
(2) ×（正しくは1038）
(3) ○
(4) ○
(5) ×（正しくは26166）
(6) ×（正しくは115120）
(7) ○
(8) ×（正しくは4554）
(9) ×（正しくは2294）
(10) ○
(11) ○
(12) ×（正しくは52260）
(13) ×（正しくは21107）
(14) ○
(15) ×（正しくは60800）
(16) ×（正しくは11730）
(17) ×（正しくは118515）
(18) ○
(19) ×（正しくは180827）
(20) ×（正しくは49936）

5-10

(1) ×
    （正しくは199,200円）

(2) ×
    （正しくは120万円）
(3) ○
(4) ×
    （正しくは80万円）
(5) ×
    （正しくは199万円）
(6) ○
(7) ×
    （正しくは7800万円）
(8) ○
(9) ×
    （正しくは226.8万円）
(10) ○
(11) ○
(12) ×
    （正しくは3894万円）
(13) ×
    （正しくは130万2400円）
(14) ×
    （正しくは3650万円）
(15) ×
    （正しくは2億5991万円）
(16) ○
(17) ×
    （正しくは96億8000万円）
(18) ×
    （正しくは5億9200万円）
(19) ○
(20) ×
    （正しくは1048億円）

5-A

(1) 7.5万ドル
(2) 1.3万ドル
(3) 4.9万ドル
(4) 0.24万ドル
(5) 4.5万ドル
(6) 4.3万ドル
(7) 3.2万ドル

まず、この問題を解くとき、大前提として知っておきたいのは、先進国であれば一人あたりのGDPは数万ドルになることです。ですから、桁の計算は考えなくてよいです。違和感がある場合は桁が合っているかを確認して、頭の数だけ注意して解いていきましょう（概算ですので、多少この解答と違っていても大丈夫です）。

(1)「÷3.4」をするので、そのパートナーナンバーに近い「×0.3」を頭の数にしてあげましょう。よって、25兆×0.3＝7.5兆。あとは桁を調整して、7.5万ドルとなります。

(2)「÷14⇒×7%」ですね。上から3桁目を四捨五入した頭の数、18×7＝126ということで簡単に1.26万ドルであることがわかりました。

(3)「÷83⇒×1.2%」となります。パートナーナンバーの性質である、「÷12⇒×8.3%」を変形した形となります。ですから頭の数に12を掛けると答えが出てきます。

(5)「÷15⇒×6.7%」ですから、「÷6.7⇒×15%」となります。15を掛けてあげましょう。

(6) おおよそ、（5）と一緒ですので、頭の数に15を掛ける形でよいでしょう。

(7)「÷5⇒×20%」ですね。頭の数に2を掛けてあげてください。

著者紹介

堀口 智之（ほりぐち・ともゆき）

1984年生まれ。新潟県南魚沼市出身。山形大学理学部物理学科卒業。
学習塾5社、コンビニ、飲食店、教育系ベンチャーを含む20種類以上の職を経験し、2010年より、大人のための数学教室「和」（なごみ）を創業。大人向けの数学・統計学の教室を渋谷・六本木・大阪などに展開。2020年よりオンライン教室を開講。累計2万人を超える社会人の方が利用している。2016年より「ロマンティック数学ナイト」などの数学のロマン・魅力・その有用性を発信するイベントを定期開催。2017年より個別指導で培ってきたノウハウ・問題集をもとにデータセンスや数字力が養える集団セミナーを定期的に開催。TBSテレビ「聞きにくいことを聞く」、日本テレビ「月曜から夜ふかし」、日経新聞、週刊ダイヤモンド、朝日新聞「天声人語」など、メディア出演・掲載実績多数。YouTube「大人の数トレチャンネル」はチャンネル登録者4.5万人以上。（2023年12月現在）著書に、『デキる大人になるレシピ 明日の会議ですぐ効く 伝わる数字の使い方』（日経HR）、『「データセンス」の磨き方』（ベレ出版）がある。

著者の堀口智之が講師を務める
「大人の数トレ教室LINE公式アカウント」の友だち募集中！
イベントやセミナーなどの最新情報をお届けします！
ID：@064zsksr

● ── カバーデザイン　　　松本 聖典
● ── 本文デザイン・DTP　三枝 未央
● ── 校正　　　　　　　　小山 拓輝
● ── 編集協力　　　　　　田之上 信
● ── 特別協力　　　　　　古門 まき　岡田 耕一　清水 奈保美　吉村 政彦
　　　　　　　　　　　　　石樽 康伸　東口 晃三　中村 友一

一瞬で数字をつかむ！「概算・暗算」トレーニング

2024 年 1 月 25 日	初版発行
2024 年 3 月 3 日	第 3 刷発行

著者	**堀口 智之**
発行者	内田 真介
発行・発売	ベレ出版
	〒162-0832　東京都新宿区岩戸町12 レベッカビル
	TEL.03-5225-4790　FAX.03-5225-4795
	ホームページ　https://www.beret.co.jp/
印刷	モリモト印刷株式会社
製本	根本製本株式会社

ISBN 978-4-86064-741-4 C0041　　　　　　　　　　　　　編集担当　坂東 一郎